中国传统服饰文化系列

传统新命

黎族女子传统服饰时尚化设计研究

◎ 杨洋 著

中国纺织出版社有限公司

国家一级出版社
全国百佳图书出版单位

内 容 提 要

通过语义阐释，阐明了系列概念的含义及相互关系，包括传统、时尚、现代时尚与民族时尚等；揭示了民族服饰文化的传统新命，就在于民族服饰时尚的发展及现代化，而时尚化设计是其中关键一环；探讨了民族时尚是否可能、何以可能、如何为好等根本问题，派生出民族服饰时尚化设计的原则；并结合黎族服饰文化调研成果，开展了黎族女子传统服饰时尚化设计尝试研究。

全书图文并茂，内容翔实丰富，针对性强，适用于服装专业师生学习使用，又可供服装设计从业者参考。

图书在版编目（CIP）数据

传统新命：黎族女子传统服饰时尚化设计研究 / 杨洋著 . —— 北京：中国纺织出版社有限公司，2019.8
（中国传统服饰文化系列）
ISBN 978-7-5180-6466-3

Ⅰ . ①传⋯　Ⅱ . ①杨⋯　Ⅲ . ①黎族—女性—民族服饰—服装设计—研究—中国　Ⅳ . ① TS941.742.881

中国版本图书馆 CIP 数据核字（2019）第 164567 号

策划编辑：孙成成　责任编辑：马　涟
责任校对：寇晨晨　责任印制：王艳丽

中国纺织出版社有限公司出版发行
地址：北京市朝阳区百子湾东里 A407 号楼　邮政编码：100124
销售电话：010 — 67004422　传真：010 — 87155801
http：//www.c-textilep.com
E-mail：faxing@c-textilep.com
中国纺织出版社天猫旗舰店
官方微博 http：//weibo.com/2119887771
北京华联印刷有限公司印刷　各地新华书店经销
2019 年 8 月第 1 版第 1 次印刷
开本：710×1000　1/16　印张：12
字数：200 千字　定价：78.00 元

前言
Preface

论题源起于我多年接触的黎族传统服饰文化活化保护问题，从我熟悉的服装设计视角切入，而随着研究的深入，又延伸到了有关民族时尚的理论研究领域。

本研究不是博物学、文化学、形式美学等方面的客观性研究，也不是文化旅游产业开发、民族传统服饰元素设计应用等方面的实用性研究，而是基于传统文化继承创新实践立场的理论反思研究，以及面向未来的黎族服饰时尚化设计研究，其宗旨是有利于黎族服饰文化的传统新命。

这项研究已经持续很多年了，并于2014～2016年在广州艺术学院师从任夷导师攻读硕士学位期间，作为我的毕业课题而得到了比较深入的推进，之后也得以继续深入研究，所以本书是深化与拓展硕士学位论文研究的结果。

开展研究过程中遭遇的最大质疑，是一个有关研究立意前提的问题，其典型的问法是：人家黎族年轻人自己都不爱穿本民族服饰了，你搞黎族服饰时尚化设计研究还有什么意义？这个质疑的关键点在于"民族时尚是否可能"。这很难靠三言两语就做到辩护到位，但直面质疑才能触及真问题，同时好在有一些事实支撑，可以胜过万千雄辩。

其次，要理论上回答"民族时尚何以可能"与"民族时尚如何为好"的问题，因为这两个问题的答案锚定着民族服饰时尚化设计实践的根本原则。

本研究还立足于一个取巧的方法。由于黎族某方言支系与黎族的时尚之间、黎族与中华民族的时尚之间、中华民族与全球跨民族时尚之间，这些两个相邻层级文化圈之间时尚文化的互动影响关系，虽然难免有些差异，但也有基本同构的一面。这种同构关系使得黎族同其他少数民族以及整个中华民族之间，可以在民族服饰时尚发展道路研究方面相互参考借鉴，这既扩大了本研究有效参考文献的范围，也可扩大本研究或多或少成果的理论借鉴与实践应用意义。

杨洋

2019年3月3日

目录
Contents

绪论

第一章

一、研究背景

黎族织锦已有三千多年的历史，其纺染织绣工序复杂、技艺超群，曾经长期领先于世。元朝时经黄道婆的传播，对大陆棉纺织经济文化产生了巨大影响。黎族传统服饰成品色彩沉着鲜明，图案古朴生动，民族风格独特，承载着丰富的文化内涵。根据方言差异，黎族又有五大支系：润、哈、杞、美孚和赛，不同支系的服饰各有特色。

海南岛黎族聚居区多数在深山，过去因为交通不便，汉族和西方文明的影响力被阻隔减弱，本土文化一度得以保有远古原味。随着我国改革开放步伐的不断推进，黎族传统服饰文化受到了西方文化和汉族文化的强烈冲击。大多数黎族人尤其年轻人早已不学传统纺、织、染、绣技艺，连黎族妇女们的日常服装也已经都是市场里买来的非黎族风格的流行服装了。只有少数中老年人，或等到婚礼、"三月三"等隆重的节庆时，才会穿上传统服饰，等节日一过，她们又重新穿上市场上买来的流行时装，而传统服饰则就收起来放好，等到下一次有节日的时候再穿。

可以说，黎族是从传统社会形态被动进入经济全球化的当代世界，在还没有建立起自己的民族时尚文化时就被国际国内时尚文化侵袭，黎族传统服饰文化就面临凋敝甚至消亡的危机。

好在黎族传统纺染织绣技艺于2006年入选中国非物质文化遗产名录，2009年入选世界非物质文化遗产保护名录，这不仅提高了黎族人对本民族服饰文化的自信，而且黎族传统服饰文化的保护工作得到了系统有序的推进，主要包括传承人扶持、博物馆、科研与教育建设等方面。

随着旅游业的发展，尤其国际旅游岛建设的推进，文化旅游产品开发的方式在黎族传统服饰技艺的传承保护中也起到一定的作用，比如目前面向文化旅游市场的黎锦装饰品就有着少量的市场。

但黎族传统服饰文化面临凋敝甚至消亡危机的问题并没有得到根本解决。笔者调研时就发现，连黎锦传承人日常生活中也通常不穿传统服饰，有活动要求时才会配合穿一下（图1-1~图1-4）。

在民族文化传承危机面前，黎族民族服饰文化若想适应时代发展而继续

图1-1　美孚黎黎锦国家级传承人符林早
　　　　（左一）和她的姐妹

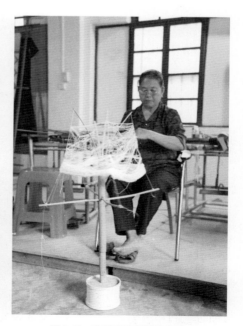

图1-2　穿着现代服装的妇女

图1-3　穿着现代服装织锦的黎族妇女 1　　　　图1-4　穿着现代服装织锦的黎族妇女 2

存活下去，就不能仅仅依靠财力扶持和文化旅游产业，还必须有内在的并与时俱进的黎族服饰时尚文化。在民族服饰文化衰弱迅速而民间思想与设计力量薄弱的大形势下，黎族服装文化的与时俱进与时尚化复兴离不开现代理论反思力量的介入，也需要专业的时尚化设计创新。

二、研究立意与设计定位

　　之所以大多数黎族人日常不穿黎族特色服装了，虽然似乎可以笼统地说是改革开放政策带来的市场经济冲击的结果，但这仅仅是从大环境而言，还需要更加全面深入的分析。大致说来，其原因还可以从以下几个方面加以说明。第一，从经济选择视角看，黎族传统服装制作时间成本高，虽然节庆还穿戴传统服饰，但由于日常生活中服饰损耗大，在经济效益上不如从市面购买非黎族风格服装；第二，从产品比较看，黎族传统面料舒适度不如市面上的棉麻面料，结构也没有市面上的现代服饰合理，在适应越来越开放广泛的社会交往方面也不如现代服装；第三，在开放的服饰时尚冲击下，民族传统服饰给黎族年轻人以过时的印象；第四，从着装选择空间看，除了在黎族传统服饰与非黎族风格流行服装之间选择，市面上至今没有改良的黎族风格服饰可供购买，也就无从形成民族服饰时尚。

当民族服饰文化的危机还处于日常生活装不穿民族传统服饰的阶段，如果顺其自然发展，将会经历节庆装也不穿传统服饰的阶段和死后丧服也非传统服装的阶段，至此民族传统服饰就算消亡了。同时，违背经济规律和文化交流发展规律保护民族传统文化原生态是不可能的，必须活化保护，促使民族服饰文化与时俱进、生成时尚。因此，在日常生活中不穿民族特色服饰的阶段，应该促使民族风格时尚服饰代替传统服饰回归日常生活，成为日常生活着装的主要选项之一。

本研究正是缘起于黎族服饰文化保护问题，具体着眼于能够代替传统服饰回归到黎族人日常生活世界的黎族风格时尚服饰设计研究，由于是从无到有，所以也是黎族传统服饰时尚化设计研究。

为了进行黎族传统服饰时尚化设计研究，必须理论研究结合具体设计实践进行。由于黎族传统服饰本就以女子服饰更加绚丽多彩，年轻女子的民族服饰时尚也相对而言更容易形成，同时为了压缩研究范围与工作量，本课题只研究黎族女子传统服饰时尚化设计。

设计实践的性质选择确定为设计原创思想引导下面向市场的成衣设计尝试，简要的设计定位如下：

对象人群：热爱时尚的黎族年轻女子，兼顾喜欢黎族风格服装的非黎族爱美女子；

风格定位：黎族风格，分5个支系，以及跨方言风格；

服装类型：日常生活装；

价格定位：大体适应黎族人群的消费水平。

民族时尚设计还需要回应关于研究前提与设计原则依据问题的追问，包括民族时尚是否可能、何以可能与如何为好，因此，理论研究构成本课题研究的基础部分。

三、研究立意前提：黎族服饰时尚是否可能

本研究的立意遭遇的最大质疑是"黎族时尚是否可能"问题，其典型的问法是：人家黎族年轻人自己都不爱穿本民族服饰了，你搞黎族服饰时尚化设计研究还有什么意义？这个问题的确直接关系到研究是否真的有意义，它的理论化形式是"民族时尚是否可能"。

（一）"民族时尚是否可能"问题的意义阐释与理论分析

作为一种社会文化潮流现象，时尚心理推动着时尚事物由特别的社会存在状态通过社会文化传播机制与过程变成广泛流行的社会存在状态。时尚事物得以流行的社会前提是广泛的生产力发达、交往生活丰富、购买力宽裕、文化自由与传播高效。现代时尚则还基于现代工商产业、艺术设计专业与时尚展评传播行业。

民族则是基于聚居生活与文化认同的文化共同体的基本社会单位，其内部可能分化出族群的亚文化现象，向外则有跨民族跨文化的文化交流与基于文明的文化整合。因此，当社会条件满足时，时尚自然而然会呈现为族群时尚、民族时尚与跨民族时尚。

"跨民族时尚"不是"民族间时尚"，是"跨文化性"的时尚，不是"文化间性"的时尚；它是跨民族传播的，但没有统一固定的时尚风源风向，即并非固定从某些民族国家传播到其他民族国家；它不是所谓的似乎优越于"民族时尚"的"国际时尚"，没有绝对主宰的时尚话语权。但由于西方时尚领先现代化了，取得了"国际时尚话语权"，"西方时尚"即"国际时尚"，如此造成了对相对落后文化及其时尚的改造甚至消解，导致了全球的文化生态多样性危机，因此才有了联合国教科文组织倡导与推动的世界非物质遗产保护行动。后发展民族的传统文化在西方文化的压力下面临生存危机，也被激发而重视起民族文化安全问题，但又不能指望靠抗拒现代化而继续自我封闭地维持其存续，而只能靠在现代开放市场中生成与发展自己的"民族时尚"，如此甚至不排除可能传播成为"全球时尚"的重要风源之一，而不是被动地

作为异国情调一时为其他民族人群所追捧。

因此，在经济现代化基础上，基于民族文化觉醒与现代化自强，建设与改善民族文化的现代传播体系，消解克服"国际时尚话语权"的负面作用，增强民族文化自信，开放地面向"全球时尚"等"跨民族时尚"，生成与发展自己的民族时尚文化，正是民族服饰文化传统新命之所在。

具体到黎族服饰文化时尚而言，首先，黎族聚居地区的城镇化与生活水平提高是支撑黎族风格服饰时尚现象可能产生的必要社会基础，实际上这个条件已经初步具备，并将越来越好；其次，聚居的黎族人必然要求以民族特色的文化表征系统支撑民族特色的社会文化活动，适合传承的表征系统除了黎族语言，还有黎族服饰，只是需要现代化与时尚化，成为促进自我认同与社会认同的一环，才能让黎族年轻人乐意继续传承。

（二）民族时尚确有可能的国际实例依据

民族时尚能够存在的最典型例证是国内的哈日与哈韩现象，它既说明了日本与韩国的时尚产业影响力已经走出国境、跨越民族界线，也说明了日本与韩国国内的时尚产业达到了一定水准，说明在现代西方时尚面前，非西方的现代民族时尚是可能的。

（三）国内少数民族服饰时尚确有可能的实例依据

笔者随导师到贵州扬武县丹寨式苗族调研，发现那里的苗族人日常服饰仍然具有鲜明的本民族风格，但又不完全是传统的民族服装（图1-5～图1-8）。式样上可以有自由的创新变化，更重要的是，生产过程不再拘泥于传统的纺染织绣技艺，除了非常有特色的蜡染、手工刺绣等工艺，大部分生产过程都完全现代化了，市面上也有创新的本民族风格服饰销售。分析其原因，丹寨式苗族服饰文化的发展变化，是因为城镇化条件下市场经济、文化交流的外部推动，但发展了的丹寨式苗族服饰仍然具有鲜明的本民族风格，则除了因为保持了民族聚居的生活方式，还因为旅游产业长远发展的需要，以及服饰产业力量的介入，尤其服饰设计力量的介入。

图1-5　丹寨街头着改良装的女性 1

图1-6　丹寨街头着改良装的女性 2

图1-7　丹寨市场售卖成衣

图1-8　丹寨街头着市场售卖成衣的青年
女性

另一个例子是马翀炜❶调研的箐口村哈尼族，村民日常穿着是传统与现代服装混搭的，青少年女性中间更是存在着民族服饰时尚消费现象，并呈现出以年度与季度为节奏的从特别（新款）、时尚（某新款优质被共同认同追捧）、流行（该新款普及）到过时（下一波某新款被追捧）的时尚传播周期。时尚消费被认为是光彩的，自己费时低成本制作则会被耻笑。镇上有多家服装店自己设计制作现代哈尼族服饰，有节奏地推出新款（既保持哈尼族服饰特色，又有新变化），推销并接受市场选择，同时根据经验避免雷区，出现流行款则会相互模仿，如此与哈尼族青少年女性客户群体之间形成基于时尚市场规律的互动。箐口村哈尼族的例子充分证实了民族服饰时尚确有可能，并给民族服饰时尚产业的市场运作模式以一定启示。

何佳玲❷表述的"时尚藏装"也是一种民族时尚服饰，并且有着跨民族时尚的势头。"在穿着意义方面则跨越了民族使用的界限，适用于当代全球化的日常服饰流通及使用，是既带有典型藏民族特征，又能引领流行风尚的时代产物"。

（四）黎族服饰时尚的可能性

前面的实例足以证明民族时尚确有可能，少数民族服饰时尚也确有可能。

黎族与藏族差异稍微大些，但与丹寨式苗族及箐口村哈尼族相比而言，民族聚居地区的城镇化条件是类似的，市场经济、文化交流的影响力量是相近的，旅游产业长远发展对民族服饰传统接续的需要也是相同的，差异只是服饰产业力量的介入程度。

王儒民等编著的《黎族服饰》❸一书指出，目前黎族女性传统服饰也有一些自发的改良创意，但其创意仍然局限在自制自穿的传统模式中，并没有考虑适合市场传播，无从形成民族服饰时尚经济；也有一些改良黎族服饰的现代设计，但由于缺乏面向黎族人群时尚服饰消费市场的民族风格服饰设计与品牌运营，比较成功的服饰改良设计主要是应用于文化旅游产业的舞台服饰。

---

❶ 马翀炜. 混搭：箐口村哈尼族服饰及其时尚［J］. 学术探索. 2012（2）.

❷ 何佳玲. 时尚藏装产业化的价值及路径探析［D］. 四川省社会科学院，2014.

❸ 王儒民等. 黎族服饰［M］. 海口：南方出版社，2014. P279-292.

传统新命 黎族女子传统服饰时尚化设计研究

所以可以说，黎族时尚服饰仍然是未来事物。

笔者也在多次的田野调研中发现，由于市场经济与城镇化的发展，棉布、绸缎和棉线、麻线、彩色丝线也传入黎族生活地区，为民族服饰及服饰工艺技术的发展提供了丰富的物质基础和更为广阔的发展空间。加上受到流行时尚的影响，黎族的各方言支系的传统服饰在发生一些悄然的变化，爱美的黎族妇女们自发地给自己的传统服饰在造型结构、图案或色彩上做一些改良，而这正是黎族风格的女子服饰时尚可能性的爱美也爱民族服饰的心理动力依据（图1-9）。

（a）　　　　　　　　　　　　（b）

（c）　　　　　　　　　　　　（d）

图1-9　美孚黎族妇女自己改良的传统上衣

随着全球一体化的发展和海南国际旅游岛发展政策的不断推进，不管是从生产力的改进还是从审美意识的变化上来说，黎族传统服饰的时尚化都是必然趋势，也是黎族传统服饰文化接续与创新的一个方向。再加上民族传统服饰时尚化设计研究的深入与品牌经营产业力量的介入，黎族服饰时尚的市场兴起是完全有可能的。

四、研究意义

本研究的预期成果将有利于接续与发展黎族传统服饰文化，黎族风格服饰以存活于现代市场的时尚形态回归到黎族人生活世界，并与黎族人的民族审美文化认同及民族自豪感相互促进，将共同有利于激活黎族服饰文化的传统新命。

同时，黎族某方言支系与黎族的时尚之间、黎族与中华民族的时尚之间、中华民族与全球跨民族时尚之间，这些不同的相邻层面文化之间的时尚交流互动关系，虽然难免有些差异，但也有基本同构的一面，即它们都属于文化共同体内部的时尚与跨文化共同体的时尚之间的交流互动关系。这种同构关系使得黎族服饰文化时尚化研究可以同其他少数民族服饰文化时尚化研究以及中华民族服饰时尚发展道路研究相互借鉴，从而也使得本研究或多或少的成果可以有更广泛的理论借鉴与实践应用意义。

五、研究现状

（一）关于黎族民族服饰时尚化的研究

目前有一些研究黎族服饰元素的现代设计应用的论文，还没有研究适合黎族人穿的黎族风格服饰设计与黎族传统服饰时尚化设计的文献。但有许多关于黎族传统服饰造型特点、纹样解读、美学分析方面研究的文献，可以作为把握黎族服饰风格的参考资料。

1. 相关著作

作为黎族服饰文化研究重要资料文献的著作主要有王学萍等主编的《黎

族传统文化》（北京：新华出版社，2001），王学萍主编的《中国黎族》（北京：民族出版社，2004），符桂花主编的《黎族传统织锦》（海口：海南出版社，2005），蔡於良主编的《黎族织贝珍品·衣裳艺术图腾图集》（海口：海南出版社，2007），等。

孙海兰、焦勇勤所著的《符号与传统：黎族织锦文化研究》（上海：上海大学出版社，2012）系统甄别挑选出有代表性的黎族传统筒裙163条，绘制完成539种形态各异的黎锦纹样，完整涵盖了动物纹样、人物纹样、植物纹样、字符纹样、复合纹样、几何纹样等诸多种类，并运用民族学、历史学、考古学、艺术学及文化阐释和符号象征理论，从黎锦蛙纹、人形纹等纹样入手，全面分析了黎锦纹样所内蕴的生殖崇拜、祖先崇拜等符号意义与社会文化内涵，这些图案反映黎族人民生产、生活的场景，通过夸张和变形的工艺创作手法，把人、动物等自然物加以变化，构织在织物上，使图案造型具有美观的可视性和艺术性，具有很高的艺术水准。

鞠斐、陈阳的著作《中国黎族传统织绣图案艺术》（南京：东南大学出版社，2014）通过大量材料对黎族传统织绣图案进行了文化形态和审美取向的研究，深入地揭示了黎族织绣艺术在中华民族整体文化艺术中的价值和地位，有一定独到见解。

王献军、兰达居、史振卿主编的论文集《黎族的历史与文化》（广州：暨南大学出版社，2012）第四专题"精神与宗教"里有几篇论文对黎族人文精神研究有很大参考价值，包括《论黎族哲学思想和文化特点》《黎族创世神话的精神生态思想》《试论黎族原始宗教信仰长期延续的原因及当代属性》《改革开放以来海南黎族社会观念变迁》等。海南大学周伟民、唐玲玲论文《论黎族哲学思想和文化特点》指出黎族人民的价值观是"享受简单"，安于"简朴生活"条件，热爱和谐、欢乐、吉祥。海南大学人文传播学院常如瑜论文《黎族创世神话的精神生态思想》阐述了作为"大力神"创世神话三要素的黎人、"大力神"与自然之间的关系，揭示了其中蕴含的黎族人同自然与集体之间根本观念与情感关系方面的人文精神内涵，包括为了集体的担当、勇敢、开拓、大爱与牺牲，以及对大自然的抗争与和解。

2. 黎族传统服饰元素分析论文

有一些服装设计视角的硕士学位论文。潘姝雯[1]的硕士毕业论文分析了黎族美孚方言传统服饰元素。刘晓青[2]的硕士毕业论文分析了黎族润方言传统服饰元素。马浩崴[3]的硕士毕业论文分析了黎族哈方言传统服饰元素。但潘姝雯与马浩崴的服装设计实践研究都是黎族服饰元素在现代设计中的应用研究。做黎族传统服饰元素的设计应用研究的硕士学位论文还有高颖[4]、邬思敏[5]、何沙[6]、韩馨娴[7]、金蕾[8]、黄可佳[9]。

更多的硕士论文与期刊论文主要只涉及纹样寓意解释与服饰审美分析，在此只介绍研究特别深入的三篇论文。

王士立[10]分析了"大力神"神话中的太阳崇拜文化意涵，及其在黎锦中的图案色彩表现与织造方法。"十"字纹与"㔾"字纹象征太阳或光明，四周"亚"字形象征日神光照四方，引申为宇宙四方。"红色、黄色正是先民对阳光的直观的色彩表现，赋予'大力神'纹红、黄等鲜艳的色彩恰恰体现了黎族服饰独具特色的色彩语言，将'大力神'似阳光般勇敢、光辉的形象丰富立体地展现出来。"

袁晓莉[11]分析了黎锦图案的意象性质，"它们没有纯粹的装饰意味，没有纯粹的具象与抽象造型，而是将精神生活符号化，带着神秘性思维与宗教信仰，以意象形式占据着主导，用夸张、重构、简化等方式来处理形式与思维的问

[1] 潘姝雯. 海南黎族服装研究及设计实践——以美孚黎服为例的服装研究及设计 [D]. 北京服装学院，2010.
[2] 刘晓青. 海南润方言黎族服饰文化研究 [D]. 北京服装学院，2012.
[3] 马浩崴. 黎族哈方言传统服饰研究及创新应用——以民服饰博物馆馆藏为例 [D]. 北京服装学院，2019.
[4] 高颖. 海南润方言黎族服饰"龙"纹解析及创新设计应用研究 [D]. 北京服装学院，2012.
[5] 邬思敏. 黎族传统织锦纹样的现代运用 [D]. 东华大学，2012.
[6] 何沙. 黎族妇女服饰图案与现代平面设计的应用研究 [D]. 海南大学. 2012.
[7] 韩馨娴. 黎锦的保护与传承现状研究 [D]. 服装学院，2013.
[8] 金蕾. 黎族非物质文化遗产黎锦传统文化研究 [D]. 青岛大学，2015.
[9] 黄可佳. 中国传统文身图案及其在服装中的应用研究 [D]. 北京服装学院，2017.
[10] 王士立. 从神话到图像——海南黎锦大力神纹的太阳崇拜文化意象 [J]. 民族民俗. 2018（33）.
[11] 袁晓莉. 黎族造物意象形式：神秘性思维的集体表象 [J]. 艺术百家. 2016（6）.

题"。"所谓重构，是指将现实世界的甲物和乙物的某些部位、某些特征、某种精神进行重新置换和组合，并由此产生一种不同于客观世界的、新的、理想化的造型形式，用来暗示或者表述某种理念"。其中，重构的例子是蛙人纹。

孙茜[1]从黎锦的蛙纹图饰探讨黎族人民的审美心理特征，表达"黎族人民对大自然的敬畏，对生命的崇敬与赞美，对美独特的感知与理解以及对未来幸福美好生活的憧憬与向往"，并且具有形式之美与简约之美。形式之美体现在造型、构图、色彩方面的变化与统一、对称与均衡、条理与反复。简约之美体现在线条朴素简单，"线在平面构成中起着重要作用，不同的线有不同的性格特征，有很强的心理暗示作用。线善于表现动和静。直线表现静，具有稳定、力度的特点。水平线平和、寂静；垂直线有一种崇高之感；斜线则有运动、速度感；直线还有粗细之分，粗直线厚重、沉稳，细直线给人尖锐、纤细的感觉；曲线富有女性化的特征，具有丰满、柔软、优雅之感；几何曲线有对称、秩序、规整的美"；"蛙纹在黎锦上的菱形化风格最终形成蛙纹的菱形基调，这种数量庞大的菱形几何蛙纹整体上看都十分简约，线条多用直线、斜线、垂线，或是简单的线条勾勒出轮廓后填充内部，或是线条直接勾勒出蛙的轮廓。蛙纹整体的风格展现出的是黎族人民审美简约化偏好，用简单明快的方式表现对幸福美好生活的憧憬与向往"。

总的来说，目前的黎族传统服饰文献，在介绍说明、文化内涵解读、审美分析、黎族传统服饰文化保护现状与存在问题等方面做得已经比较全面深入，但引入服装设计视角的研究还远没有全面深入，产业化保护建议也没有把黎族本身的民族服饰时尚建设作为重点，有一些关于黎族服饰元素的现代设计应用方面的论文，还没有以服务黎族人的民族服饰时尚化问题研究为主题的文献。

（二）关于民族服饰时尚化的研究

前面已经论述，黎族服饰文化时尚化研究同其他少数民族服饰文化时尚

---

[1] 孙茜. 黎族蛙纹图饰的审美特征探析［J］. 工业设计. 2016（09）.

化研究以及中华民族服饰时尚发展道路研究具有一定的同构关系，这种同构关系使得这些研究成果可以相互借鉴，因此也让本研究扩大了有效参考文献的范围。

1. 关于时尚的研究

张贤根[1]以文本生成论阐释时尚现象的原理，认为"作为一种文本，时装及其文本总是生成性的，这种由生成带来的时尚美，又总是由话语及其修辞来完成建构的，比如说欲望与消费的话语等。当然，这里的话语是文本的言说与彰显自身的方式，它也处于不断的生成之中。同时，话语既是建构性的，也是解构性的。这种风格的多元性，也正是当代时尚所呈现出的文化特质。因此，这里存在着两种类型的相互生成：一是关于时装的文本与话语的相互生成；二是基于前者的建构与解构的相互生成。正是这两种相互生成及其关联，构成了当代的时尚美，并使这种美的生成处于源源不断、生生不息的游戏之中。"

姜图图[2]在其博士学位论文中梳理了三位社会学家的时尚理论，在改进了布迪厄的场域理论基础上对法国与中国的时尚设计生产场域进行了制度结构分析与时代变迁梳理，并从产业"惯习"形成视角分析了中国时尚产业的弊端成因与出路误区，认为"中国时尚产业的形成是建立在以出口为目的的产业基础之上，其产品终端面对的是国外市场和消费体系，而当时中国本身并未建立相应的消费市场，时尚生产的主体是热衷于贴牌加工的服装制造商以及下游的纺织品企业。这种情况就类似于法国20世纪50年代之前服装企业和成衣商所面临的被动局面：屈服于客户的要求、没有定价权，处于整个产业链的末端，靠成本竞争作为企业优势。中国大部分服装纺织企业还沉浸在这个泥潭中无法自拔。而生产和消费是时尚生产的双生子，同时还是现代消费社会中的一个整体，其互动式成长我们可以在法国近350年的时尚生产史中清

---

❶ 张贤根. 时尚作为一种生成美——关于时装美的生成论阐释［J］. 美与时代（上）. 2011（02）.

❷ 姜图图. 时尚设计场域研究——1990~2010年中国时尚场域理论实践与修正［D］. 中国美术学院，2012.

楚地看到。因此，政府以自上而下的方式单方面地提升产业的努力，如果没有良好成熟的消费市场的支撑，不会得到有效的回报。进入21世纪以来，创意产业作为国际化的趋势，使国人误以为是提升产业的秘密武器，政府从政策扶持到资金投入可以说是不遗余力。但是产业的提升不是一个简单的问题，尤其是时尚产业。根据布迪厄的场域理论，一个产业的'惯习'正是基于养成它的整体社会环境，包括经济的、文化的以及相应的社会属性"。

2. 关于民族时尚的研究

吴春胜从技法层面的设计手法着手研究，"基于传统与时尚平衡关系这一维度，以现代着装观念与设计理念分析为基础，结合高级时装等案例分析，归纳总结了中国风格服装设计实现传统与时尚融合的4种手法：解构、对比混合、裸露与量感扩张"[1]。该文引用量相对较高，但局限于设计手法研究视野，在理论层面上，并没有对"时尚"与"国际时尚"、"民族风（情）"与"民族风格"做清晰的区分，还没有清晰的"民族时尚"意识。

惠亚利[2]对"民族时尚"概念及其与市场经济、日常生活审美化的关系予以了较深刻的研究解读，但其"民族时尚化"是"时尚民族化"成果推广到日常生活世界的说法，显示其没有对"时尚"与"国际时尚"做概念区分，结果其"民族时尚"概念没有找到本民族日常生活世界的根基，对国际时尚还缺乏免疫力，这是由于没有基于"跨民族时尚"概念的批判意识。国际上流行的"民族风"时装设计，追求的其实是"异域风情"，应用民族元素却脱离了民族情感与人文精神，面向开放市场而并非面向民族内部人群。"时尚民族化"观念误导着国内很多设计师试图沿袭国际上"民族风"时装设计的路子解决"民族时尚化"服装设计问题，实际上忽视了民族人群的主体性，成为错把"家乡"当"异域"的离根设计。

邓玉萍[3]采用了"现代民族服装设计"的说法，给出的定义为："遵循特定设计原理对传统服装进行优化设计"，并通过现状批判揭示了现代民族服装

❶ 吴春胜. 传统与时尚融合的中国风格服装设计手法［J］. 丝绸. 2011（01）.
❷ 惠亚利. 日常生活审美化中的民族时尚［D］. 广西民族大学，2011. P24-25.
❸ 邓玉萍. 行走于时尚的边缘——论现代民族服装的设计趋向［J］. 艺术百家. 2004（S1）.

设计的基本原则：体现民族服装内在美、平衡传统与时尚、原创设计。在具体论及从民族传统服饰的造型、色彩、面料、纹样和工艺出发进行现代民族服装设计的趋势时，除了阐述具体的再设计手法，也论及了兼顾民族共性与对象个性的原则。

杨翠钰[1]把"新中装"解释为"展示中国人新形象的中式服装"，梳理了唐装（唐人街的标志性华人服装，即旗人马褂加汉化立领）、中山装（由孙中山创制，一种立翻领、有袋盖的四贴袋服装）、旗袍（旗人之袍收省、开衩、装饰简化而来，兼容国际时尚审美与东方女性婉约之美）、新唐装（基于唐装原型的再设计，总体上仍然属于传统服装，开始流行于2001年APEC会议后，该会议领导人合影着装为新唐装）、新中装（名称出自2014年APEC会议领导人及领导夫人合影着装的定位，但不限具体款式原型，只强调是创新设计的能够传达中华民族精神气质的中华时尚服装，如柒牌中华立领系列时尚服装的设计虽然早在2004年，但也属于新中装）之间的关系，并且指出了主宰近年新唐装、新中装在国内流行形势的国情背景因素。

张贤根还在"时尚创意中的民族元素与文化认同研究"[2]中以海德格尔的存在论哲学观理解时尚创意的民族性与世界性的关系。他认为，"对于各个民族来说，作为群体性主体的规定乃是民族性的此在。因此，时尚文化的民族性认同，当然也是以这种民族性此在为基础的。在本性上，一切民族性的此在不再是封闭的、理性的主体，而是民族文化语境里的生活者，并共存于这个世界上。在这种共同在世之中，各个不同民族的生活、艺术与文化，也显现出自身的关联性、开放性与共通性。一些民族的服饰与习俗，可能被其他民族所借鉴与移用，也就是说，不同民族的时尚元素与设计方式，共同介入与构成了民族服饰艺术，并逐渐成为一种具有世界性的文化多样性。在这里，民族性此在不仅是群体性主体的规定，而且其自身也是祛主体的、开放性的与生成性的。"艺术与文化的民族性与世界性还是"互文"的。张贤根的这些论述对理顺文化的民族性与世界性很有启发意义，只是在概念上还没有明确

---

[1] 杨翠钰，张祥磊. 感悟"新中装"的流行［J］. 大舞台. 2015（8）.
[2] 张贤根. 论时尚创意的民族性与世界性［J］. 服饰导刊. 2013（4）.

区分跨民族性与民族间性，而认为民族间性是民族性与世界性的中介。

范晓峰❶讨论了传统与时尚的关系，认为"传统是一个地区、一个民族文化传承中的历史性结果，它具有相对稳定和丰富的内在文化含量，有着相对稳定的精神内涵和文化塑造力。而时尚只是某个特定时间、空间人们所具有的一种符合特定时间、空间存在特征的某种精神需要的认识观念，必须依附于一定的物质载体才能得以显现。这种观念与审美趣味之间有一定联系，即它可能是对美的追求，也可能不是对美的追求。传统具有塑造性和持续力，时尚则具有即时的特征，因为传统本身是一个动态的生成与结构过程。结构指传统在特定时间（存在的历史点）、特定空间（存在的社会结构）的一个横断面，我们不能以某个横断面下的静态结构来代替传统在生成过程中的动态变化。而生成则是指传统在时间中的动态发展过程，每一个传统发展中的历史点都有一个横断面的结构存在"。"传统与时尚之间的确存在一种特殊的关系。因为传统与时尚之间在特定时间、空间的特定条件下具有相互转化的功能，传统可能转化为时尚，时尚又可能成为传统。它取决于特定时代、特定社会关系中人们对某种精神需要程度的大小，并由此来寻找何种负载这一精神内涵的物质载体。而当某一物质载体能够负载人们的这种精神需要时，不论它是传统的或是现代的，时尚便成为它最外显的特征。它既可能是传统的时尚，又可能是现代的时尚。因为文化一定是从社会属性中产生的，现实的社会生活正是这种转化成为可能的基础和条件，从这个意义上说，理解了生活，也就理解了艺术"。并在概念分析基础上，讨论了民族乐队"时尚化"现象的定性问题，认为"当今时代是多元文化碰撞、交流、融合的时代"，同时"城市化进程的加快"为"城市音乐文化"的存在和发展"注入了新的活力"；当下民族乐队"通俗化""时尚化"的现象，正是适应了这种时代需要的文化产业尝试，"就目前而言，应该把这一现象看作是既不同于传统民乐，又不同于当下纯西方流行音乐的一种多元文化融合的表现形式，也是一种有着新的理念、探索、创意又有众多接受者（包括中外）的流行音乐文化现象"。从笔

---

❶ 范晓峰. 少定性 多观察 多思考——由民族乐队"通俗化""时尚化"所引发的思考［J］.
　人民音乐. 2007（7）.

者观点看，这种现象属于跨民族文化创新并被接受为跨民族时尚的时尚文化现象；并且，既然这种跨民族时尚同时也被本民族人群所广泛欣赏与接受，则它就也是民族时尚的一种类型。

毛立辉❶感叹"尽管欧美发达国家的设计师们正大肆发掘丰盛的中华民族文化宝藏，并以此为灵感，设计出大批带有浓郁东方色彩、闪耀于国际时装舞台的经典作品，但在中国的市场上，却很难看到独具民族特色的服饰商品。这形成了中外反差"。认为"只有不断与自己的审美惰性作斗争，对传统文化吸取其灵魂、精华，探索民族文化与现代审美意识的沟通，不断用民族历史文化的精髓去指导设计，不断创造与时代生活相适应的、心理化精神化了的服饰文化，才能创作出既有民族文化精神，又符合现代人精神风貌的时代经典时尚作品。"

朱雯❷分析了中国高级时装与欧美高级时装之间的共性与差异，认为"共性在于都是为某一顾客专门量身设计制作，使用最高档的面料和最高超的工艺，具有较高的艺术欣赏水平。"并且同样有着引导审美消费与流行成衣产业的功能，但引导需求更加突出。"差异性在于，因为中国的高级时装起步晚，没形成完善的体制，人们的认知度不高，缺乏高级时装的文化氛围，所以，我们的目标消费群体不可能只是极少数的政要明星，必然要扩大范围至大众消费者，从而普及高级时装的服饰文化。并且，中国的市场行情和消费水平也促使高级时装的价位不可能与国外的标价持平，我们必须降低姿态达到大众能够接受的程度，才能吸引更多的消费者，价格虽然降低了，但是质量依然有高标准的保证，如此这般，才会得到越来越多的认可，高级时装传递的独特审美和流行也必然更广泛地深入人心。这就是中国的高级时装在发展初期所具有的特殊性，因地制宜，结合本国的市场条件，立足本民族的文化优势，走一条有中国特色的高级时装之路。"

❶ 毛立辉. 中国国际时装周反思录（一）中国设计的文化自信如何提升——谈中国元素的创新. 纺织服装周刊. 2009（45）.
❷ 朱雯. 中国高级时装的独特性分析［J］. 艺术百家. 2010（8）.

　　王艳晖[1]讨论了高级时装对跨民族文化传播的重要性，认为"高级时装为深入研究某种文化即生活方式的内涵，挖掘其中所包含的人文精神和民族感情提供了其他艺术形式所无可比拟的研究途径"。

　　李维贤[2]采用案例分析法对目前中国民族风格的服装设计进行类别细分及设计技法研究，认为"中国民族风格的服装可分为少数民族风、基于汉服和中式服装的设计、时尚民族风、民族风高级时装和概念民族风等，它们的风格表现与设计技法不同，尤其是对民族传统元素直接运用的程度差异较大，表现为从基本沿用的'形似'到以隐喻手法表达'形之上'文化内涵的变化。少数民族风较多沿用民族传统服装的款式、图案与色彩搭配；基于汉服和中式服装的设计、时尚民族风、民族风高级时装则以不同的侧重对民族传统元素进行创新设计：基于汉服的设计细节变化丰富；基于中式服装的设计款式稳定，多为局部改良；时尚民族风强调时尚化的表达方式；而民族风高级时装多以不拘中西的款式与设色表现国际性与民族性的融合。概念民族风较少直接运用具体的民族元素，而是以间接、抽象的手法表达对民族传统文化内涵的理解"。

　　孙瑞祥[3]在其博士学位论文中提出，"从文化发展史的宏观角度看，无论何时何地，一种新的文化范式或文化精神的生成包括演进、转型、更替与变迁，无外乎源自两大因素——内源性因素与外源性因素，及其两大因素之间的博弈。流行文化生成与繁盛的'动力源'构成复杂，有源自主流与非主流意识形态的政治驱动、源自不同利益集团的经济驱动、源自当下社会心理与社会思潮的文化驱动等。流行文化在当代中国的生成与繁盛绝非偶然，是社会政治经济条件、文化环境、文化心理与社会思潮等多种要素共同作用的结果。既反映了当今世界文化的发展潮流，也体现了中国的现实文化诉求。中国社会发展的世俗化是流行文化生成与繁盛的政治动力，开放与自信的文化心态是其精神动力，后现代文化思潮的入场是其思想动力，消费社会与消费

❶ 王艳晖. 高级时装对跨民族文化传播的重要性［J］. 艺术与设计研究. 2005（4）.
❷ 李维贤. 形似与形上——中国民族风格服装设计分析［J］. 丝绸. 2017（4）.
❸ 孙瑞祥. 当代中国流行文化生成机制与传播动力阐释——以流行文学、媒体文化为研究框架［D］. 天津师范大学，2009.

主义文化是其市场动力，城市化、城市精神与休闲是其社会环境动力，中间阶层与青年亚文化是其群体动力，大众传媒的议程设置是其传播动力。"

毕亦痴❶博士学位论文从造型要素、装饰要素与服装设计方式三视角分层级对比解析了中国与英国现当代时装设计，认为造型方面主要是"形"与"型"的差别；设计思维方面的差异是：中国设计重"意"，抒发内在情感，是"意象思维"，英国设计重"物"态的创新设计，强调视觉观感，是"具象思维"❷；中国设计师普遍采用"想设计""画设计"方式，英国设计师普遍采用"实验设计""做设计"方式；设计思维特点方面：中国设计是"合象顿悟"的，将大量有动态联系的可观之现象整合、联系在一起思悟；英国设计是"分物深究"的，按逻辑依据一批可触之实物来渐进研究。这是从文化比较视角的服饰文化自觉研究。

陈霞❸博士学位论文对比了西方"中国风"时尚与中国"中国风格"时尚的事实与概念，并从基于样本的要素归纳与元素定量分析推导中国风格服饰设计类型归纳，在时代坐标层面讨论了基于后现代主义否定性向度与肯定性向度以及生态设计，以锚定中国风格服饰设计人与人（文化与文化）和谐、人与自然和谐的设计文化形态，并指出中国风格设计的本质是"中国意象"重构，认为应当"在后现代消费社会时尚观念中，以建设性的乐观视角剔除'中国风'生成和发展中存在的流弊，用生态设计的启示和对自然和他者的观照，以及对传统文化复归的守望，善用的中国传统文化内涵及服饰的深层审美构成，建构中国风格服饰全新的文化范式和设计模式"。其中与"中国风"对比而言的"中国风格"时尚概念代表了"民族时尚"意识的觉醒。

萧颖娴❹博士学位论文则专门讨论了生态设计或者说"可持续设计"的未

❶ 毕亦痴. 中英现当代时装设计思维比较研究——着眼于文化传统的探讨［D］. 苏州大学，2013.
❷ 这个结论与华梅在其著作《服装美学（第2版）》中关于"作为审美对象的服饰文化圈"的论述有相通之处，其中服饰文化圈被分为表意（内向）系与表象（外向）系两大类，中国主要是表意（内向）系礼教型服装文化圈，欧美主要是表象（外向）系性感型服装文化圈。
❸ 陈霞. 当代中国风格服饰探究［D］. 西安美术学院，2015.
❹ 萧颖娴. 趋势和机遇——"可持续"理念对时装产业发展之影响及设计人才培养之应对［D］. 中国美术学院，2013.

来趋势，及其对中国时装产业发展的影响，以及设计人才培养方面的应对。

苏东晓[1]站在民族国家的文化政治视角与审美资本主义批判的视角，认为，"在后资本主义时代，民族文化遗产可通过本身富含的'审美'元素而成为'时尚'，实现积极意义的现代转换。民族文化遗产现代转化与时尚运作具有同构关系。首先，民族文化遗产现代转化的问题是'民族国家'共同体重构的问题，在以祛除历史神魅而重构自我，从而实现自我观念的完善和获得情感归属的意义上，它与时尚的生成运作达成了同构。其次，基于基础元素有限性和群体情感归属历史性两个原因，民族文化遗产可以复古元素的形态进入时尚中，以'混搭'的形态伴随着时尚的轮回循环往复于当下。再次，民族文化遗产时尚化的建构要依靠遗产的外在形式元素的边缘区划意义走入现代的中心，民族文化遗产时尚化既渴盼其中审美个性所蕴含的革命意义，又不可避免资本运作的工业化逻辑，如何以国家资本平衡自由资本的中庸品位将是实现占有现实经济基础的审美救赎的重要课题"。这对本研究具有启发意义，只是要注意，中国少数民族只有自治区、县，甚至只是聚居村落，其文化认同不涉及自主政治建构问题，最多属于亚政治建构问题。

扈秀丽[2]讨论家具行业"新中式"时认为，"这个意义不在于拿中国设计去做名片，而在于我们内需服务质量的提高，我们当然也可以向世界展示我们的生活质量，但那只是一个名声。我们真实的精神层面的体验提高了，审美层面的体验提高了，这才是研究的意义。不是一个简单的国际设计身份识别。世界从来不期待你要出席，而是只要你一出现，就自带身份识别。最重要的是做设计应该做的事。设计应该服务于定位对象，新中式就是服务于新的中国人生活的。"这就意味着，民族时尚设计的根本原则是为民族内部人群审美生活质量提高服务而设计。

总之，在民族服饰时尚化研究领域的成果主要是中国服饰时尚化层面的

❶ 苏东晓. 从边缘出发：民族文化遗产现代转化与时尚生成运作的同构问题［J］. 民族艺术. 2018（3）.
❷ 林楠，扈秀丽. 新中式：来自产学研的共同探讨. 设计［J］. 2018（14）.

研究，已经有了一定的理论与实践成果，对少数民族服饰时尚化研究有一定启发借鉴作用。但这方面研究还没有紧扣民族时尚何以可能以及如何为好问题形成系统性论述。

六、研究方法

（一）理论分析法

主要应用于民族时尚"概念释义""何以可能""如何为好"问题的理论反思。理据的视角涉及与时尚研究相关的社会学、心理学、美学、语义学、设计学视角等，总的来说，理论研究篇的论述是一个跨越与整合多个学科视角的综合文本，并兼备价值批判维度。

（二）调查研究法

包括文献调研与实物调研，主要应用于研究黎族女子传统服饰造型、结构、色彩、纹样、工艺等方面特点，以及黎族人的服饰物态审美与人文审美偏好。

（三）设计实践法

设计实践需要是理论研究、调查研究、设计研究的最终驱动力，对设计实践的总结反思则可以加深理论研究与设计研究。

七、内容结构

（一）理论分析部分

内容是涉及设计研究前提的一些理论问题研究。

第一章绪论除了介绍整个研究思路，重点用例证法回答了"黎族服饰时尚是否可能"的问题，把它与"民族时尚是否可能"一起回答了，这事关本研究是否有意义。

第二章通过意义辨析与语义辨析为深入探讨的展开奠定基础。第一节基于可能意义比较法排除了一些意义分叉，更清晰地界定了研究方向。第二节基于既有人文现象概念释义法对"时尚""传统""民族时尚""跨民族时尚""时尚化设计"等概念的含义进行了阐释界定，最后阐释界定了"传统新命"的含义。

第三章"民族时尚何以可能"事关实践原则理念的根本原理依据。在简要讨论"时代条件"之后，主要从"实践动源"与"信念动源"两个角度展开。

第四章"民族时尚如何为好"事关实践原则理念的价值依据。分"好坏如何看"与"如何做为好"两个层面讨论了"民族时尚如何为好"，其中"如何做为好"一节分析了民族风格服饰时尚及其品牌的创生道路与民族传统服饰时尚化设计原则。

民族时尚"概念释义""是否可能""何以可能""如何为好"这四个问题一起构成了理论层面上比较完整的论题链。

（二）设计调研部分

内容是黎族女子传统服饰实物调查研究，涉及审美偏好与文化内涵分析。

第五章，黎族及其传统服饰文化概况。

第六章，黎族女子传统服饰的造型及结构研究。

第七章，黎族女子传统服饰色彩、图案与工艺研究。

（三）设计实践部分

内容是在民族时尚理论决定的总体导向下多个方向的黎族时尚成衣设计尝试。

第八章，分析确定黎族传统服饰时尚化设计尝试的总体导向。

第九章，基于多向尝试实践，更深入讨论黎族传统服饰时尚化设计的具体可能模式。

谋定而后动，或者说，高效行动必须思想先行。现代科研方式同样要求理论研究先行，再进入实践（包括实验）研究。虽然实践研究的结果可能检验决定理论假说是否成立，但提出假说的预设前提却不在实践检验范围，检讨预设前提的工作仍然是理论工作。对研究前提问题的深入反思，可以让整个研究少走弯路；而对研究本身意义及其核心概念语义的辨析则是其中的奠基工作。

第一节　基于意义辨析的研究方向再定位

事务的意义定位不仅在于其在意义背景中确立的自身，也在于与同一意义背景下并列事务宗旨之间的比较界定。为了对研究方向作出更精准的定位，需要排除一些意义分叉，这就需要辨析回答：本研究方向是什么？不是什么？

一、研究意义背景——民族传统文化的危机

在近现代全球化进程以前，中国汉族与少数民族就有广泛的互动与文化交流，有些与汉族人杂居的少数民族已经被同化了，有些与汉族人杂居而不同化，有些少数民族聚居区地处偏远而未同化。中华民族文化的包容性使得多民族文化能够共存共生。

在西方近现代文明推动的全球化大潮中，不仅中国少数民族，就连汉族文化也同样面对民族文化存亡危机问题，一百多年来虽已经历一系列变迁，仍未真正找到中华民族文化自信。少数民族文化保护与发展问题是整个中华民族文化保护与发展问题中的子问题，每个少数民族服饰文化保护与发展问题又是这个子问题的一个子问题。

黎族聚居区多数在深山，过去因为交通不便，汉族和西方文明的影响力被阻隔减弱，本土文化一度得以仍保有远古原味。但经过中国共产党领导的土地革命后，再经改革开放与海南国际旅游岛建设引进的全球化大潮的冲击，本土文化越来越受到外来影响。

好在民俗主题的旅游景点开发已对黎族文化保护起到一定作用；"黎族传统纺染织绣技艺"2007年已入选国家非物质文化遗产保护名录，2009年入选世界非物质文化遗产保护名录；黎锦等服饰工艺品也有了一定市场；学术界也有不少研究黎族服饰的文章与论著。

但因为黎族文明的自然进化只到达了氏族社会阶段，邻峒不同俗，这决定了其传统服饰主要起族群标识与强化信仰及风俗的作用，注重人的个性不够，现在的黎族年轻人已经越来越不爱在日常生活中穿本民族服饰了，加上生产成本高等因素，只有中老年人或婚礼等节庆时才穿民族服饰❶。按这种趋势，尽管有种种保护措施，黎族服饰文化仍然很可能终将失去其主体活性。

在这样的背景下，笔者认为应该重新梳理黎族传统服饰文化研究工作的意义，因为只有在对研究意义作出总体梳理的基础上才能比较清晰地确定本

---

❶ 马蓉. 注重原创：探索新的服装形态和着装方式［J］. 四川戏剧. 2009（4）.

课题研究的意义定位。在笔者看来，对黎族传统服饰文化研究工作的意义，大体可以从如下七方面逐一分析：文化博物、文化考古、艺术鉴赏、现代设计应用、旅游产品开发、文化反思与传统激活。传统新命是文化反思基础上的传统激活，同时也需要在与其他几类研究意义相比较中清晰地界定自身。

二、文化博物——黎族传统服饰文化以物的形态得到保存

即从文化物的视角看待黎族服饰，以博物学的研究与保存方法对黎族服饰文化进行采样留存，其中，实物承载的信息包括黎族服饰纺染织绣工艺与服饰款式、色彩、结构、纹样等多个方面。

物的陈列与保护是基础工作，其次是功能用途说明与文化阐释工作。

除了实物，数字化保存也是现代博物的重要手段。

三、文化考古——黎族传统文化作为人类远古文化的活化石

从文化人类学视角，黎族只有语言却没有文字，润方言等未与汉族杂居的深山地区在1949年以前仍以"共亩"为生产关系形态，配合婚俗考察，可知其文明自然进化只到达了新石器时代母系氏族社会与父系氏族社会过渡的阶段，可谓人类远古文化的活化石。

虽然经过中国共产党领导的土地革命和改革开放引进的全球化大潮冲击，黎族人民引以为傲的服饰工艺与黎锦、龙被等艺术品还是较好地保留了下来（这其中，文物与非物质文化遗产保护工作也起到一定的作用）。中华人民共和国成立初期和改革开放初期，大量的少数民族社会历史调查研究也为进一步的深入研究提供了大体能反映黎族风情原貌的丰富素材。

从符号学视角，文化即符号化，服饰则是穿着在身上的文化，与饮食一样是文化中最切身的有形物。民族服饰文化是民族文化的重要部分，既包括服饰形态的象征符号系统与民族服饰设计与生产理论系统及理念系统，也包括服装产业文化与着装文化，还包括民族服饰产品与文物。服饰形态的象征

符号系统是民族文化特性及其变迁的重要表征，是考证其民族图腾、宗教信仰、风俗禁忌、审美倾向的重要佐证；尤其黎族只有语言没有文字，服饰纹样寓意的研究价值则更加重要。

民族学研究应该以人类学研究理论为指导，民族学研究的成果可以反馈到人类学研究。陈立浩等所著的《从原始时代走向现代文明——黎族"合亩制"地区的变迁历程》就是如此研究黎族的代表作，里面涉及不少黎族服饰文化的内容。该著作从黎族原生态文化的特点及其受外来文化影响的过程，在人类从母系氏族社会与父系氏族社会过渡过程和氏族公社向阶级社会过渡过程的一些重要环节上有了比以往更深入的研究。

四、艺术鉴赏——黎族传统服饰作为被鉴赏的古朴艺术客体

黎锦已有近三千年，棉纺技术直到元代黄道婆离开海南以前还一直领先于大陆，可谓历史灿烂悠久。虽然黎族传统服饰主要起族群标识与强化信仰及风俗的作用，其款式、用色与纹样的变化都受到很强的限制，但服饰的审美因素仍然很明显。黎族服饰的审美特征反映的主要是黎族人集体的审美情怀，但制作者的匠心也有发挥的空间。黎族传统服饰都由妇女制作完成，相比男性服饰，黎族妇女服饰的审美因素更加突出。

黎族传统服饰在当代人看来难以体现个性，质地也不够舒适，很少有人还喜欢在日常生活中将其穿着在身上，也就难以成为主体服饰文化的一部分。但其视觉上仍有粗犷古朴的审美特征，纹样抽象富有想象空间，仍可作为被欣赏的艺术客体，一如欣赏艺术古董，比如可以作为壁挂之类的装饰品❶。未来因其稀有，将愈显珍贵。

黎族服饰的艺术鉴赏研究也不一定非要以当代的审美眼光鉴赏之，也可以着力于还原黎族人的传统审美眼光❷。

---

❶ 陈研. 古老的黎锦艺术与现代绘画语境的碰撞——挖掘黎锦技艺为美化与装饰现代环境之用［J］. 当代艺术. 2008（3）.

❷ 王家发. 从黎族的民俗审美文化看黎族的审美观（一）［J］. 时代文学（上半月）. 2011（10）.

五、现代设计应用——黎族服饰作为现代艺术设计的素材库

大量的研究集中于少数民族服饰元素的现代设计应用，其中，少数民族服饰用于启发设计灵感，提供丰富设计元素素材，设计作品却不一定仍然与该民族服饰有什么紧密的关联。黎族传统服饰以其自己的特色，当然也可以成为现代服饰设计素材库的一部分，甚至可以成为其他门类艺术设计的灵感来源。

六、旅游产品开发——传统文化在被围观中主动异化

民俗主题旅游产品开发中，传说、图腾、器物、建筑、工艺品、美食、歌舞、节庆活动与仪式、传统劳动场景与活动展示等旅游产品诸多形式，大多与服饰相关。因为服饰则是穿着在身上的文化，既与饮食一样是文化中最切身的有形物，也是少数民族传统文化最具标识意义的视觉传达。服饰类文化产品的市场开发也利于黎族古法纺染织绣等技艺的传承。

如今很多景点都有黎族歌舞表演的展示，槟榔谷还有黎锦工艺的展示，旅游宣传片里除了大海、沙滩、阳光、椰子树、槟榔树，通常也少不了身着黎族传统服饰的人物形象出现。

海南岛旅游产品的主题以海岛风光与休闲度假为主，民俗主题并不非常突出，这在所谓"岛服"的设计风格上也可见一斑。这主要还是因为，黎族人主要聚居于深山，海南岛环海周边主要是外来移民定居经营，所以海南岛立省时也无法立为黎族自治区，这是与巴厘岛的一个根本差异。因此，海南"岛服"是否可以加入黎族传统服饰元素，比重多大，仍有待研究与尝试。设计五指山一带民俗旅游的宣传服饰"山服"也不失为一个值得尝试的策划。

然而所有这些都是传统文化顺应旅游经济而在被围观中的主动异化，它虽然是民族传统文化活化保护的一种有效方式，但异化的活化保护并不能真正提供民族传统文化革新发展的生机活力，有其局限性。

七、文化反思——作为迷茫中的文化主体

这是个容易令人心情沉重的主题。

一个文明总体落后的民族被总体先进的文明大潮冲击的过程中，尤其当文明跨度较大的时候，往往会有这样那样的不适应。在内心体验来说，最深沉的是价值观的纷乱，方向的迷茫，失去民族文化自信。

就连文化较发达的整个中华民族也曾在西方文化冲击下一度普遍失去民族文化自信，在国际舞台上不知道如何发出真正属于自己的声音，在学术与思想创新上集体失语，找不到文化发展的方向，崇洋媚外者大有人在。以往还偏远闭塞的少数民族，在改革开放与经济发展的大背景下，也将面对整个中华民族以往至今大致相似的文化发展方向问题。

西方现代性全球化进程中，汉族与黎族在文化危机与对策方面的问题实际上具有同构性：如何重建文化自信？面对先进文化是彻底拜服追随，还是在赶超文明先进性基础上坚持张扬自己的民族主体独特性？

民族文明先进性与民族主体独特性又分别体现在哪里？大体说来，文明先进性的根据在其智慧先进性，体现在理论、技术、制度上。主体独特性则包括天赋各方面，也包括传统审美偏好，审美又可分为物态审美与人文审美；就黎族传统服饰而言，它涉及黎族人天赋的身材体格，历史延续的聚居环境，也涉及黎族传统审美偏好。这些问题值得深入研究。

八、传统激活——探寻民族传统文化的承转新生之路

文化反思应该有助于打开学习借鉴先进文明的大门，也应该有助于从张扬民族主体独特性的角度激活传统。

激活民族服饰传统的正途是发展民族服饰时尚文化，对黎族而言，其核心是以创新推动适合黎族人特质的现代服饰多元化设计与产业发展。其中，服装设计需要考虑的黎族人独特的服饰审美偏好则可以在民族传统服饰上找到线索。

这远非把民族服饰中的某个或某些元素拿来应用于现代设计那么简单。倒是更接近于时装定制，只是这个定制服务对象是一个民族，要定制的不止一个款式，而是能够包容时尚变化的统一风格。更准确地说，这是以一个民族为市场人群的时装品牌群的共性构划，其中不仅仅需要灵感，还需要理性的导向原则。

此外，这个民族时装品牌群的共性构划能否成功，还要看整个民族文化建设的情况，关键看民族自信心如何，这是服饰设计师无力左右的背景因素。比如民国时期中山装与旗袍的流行，除了有所谓"中西合璧"式成功设计的原因，与国人的"民族主义"也不无关联。

同时，文化时尚现象的发生机制是一个市场选择下的创新机制，那么如何既敬畏市场又引导市场？如何基于市场机制建设民族文明先进性与张扬民族主体独特性？

九、小结

面对黎族传统服饰文化可能将失去主体活性的趋势，黎族传统服饰时尚化设计研究的宗旨正是在文化反思基础上激活传统，以实现黎族传统服饰文化的当代新命。

其中有许多问题值得研究，但首先需要特别注意区分另外五种研究传统服饰文化的方式：文化考古、文化博物、作为古朴艺术客体、元素的现代设计应用和旅游经济催化下的异化；它们的共性是都不以当代黎族人为时尚主体。

或者说，区别于止于博物学、文化学、形式美学等方面的客观性研究，以及止于文化旅游产业开发、民族传统服饰元素的设计应用等方面的实用性研究，本研究是一种基于传统文化继承创新实践立场的理论反思研究与面向未来的黎族服饰时尚的设计研究，其预期成果是关于民族传统服饰时尚化发展实践的观念觉悟与原则信念，以有利于黎族服饰文化的传统新命。

第二节　基于概念释义的论题解析

时尚、传统等概念难有统一的定义，对于与既有事物对应语词转化来的概念，一切人为的定义都是不合法的，正确的做法应当是释义。与定义一个新概念不同，概念释义是辨析阐释既有概念本有的语用意义，及其对应事物本有的特有性质与其他重要性质，还有其与相关概念及其对应事物的关系。民族时尚这种字面为组合词的概念则是在人为组合概念与既有事物概念的关系定义基础上开展释义的。

一、时尚

前面已经多处提及"时尚"，但相关观念与语词语法都是未经论证的，至少其预设前提需要通过"时尚"概念释义过程予以阐明。

（一）语义分析

"时尚"由Fashion翻译而来，而Fashion有时尚、新潮、时兴、流行（事物）的意思，但兴即流行，时尚是时兴的原因，时尚、新潮、时兴、流行并不完全是一个意思，因此"时尚"并不等于Fashion，时尚概念释义还离不开汉语语义分析。

"时尚"字面是由"时+尚"组成，其概念应用的语境是特定人群一时共同崇尚着同一特定事物。

"尚"是崇尚，崇尚心理是使得时尚事物被个人选择并得以传播到特定人群的心理动力。形成共同崇尚的氛围则除了各人的崇尚心理作用，还有追求优越领先与社会认同心理的作用交织其中；追求个性与追求时尚既有冲突也有共性，需要平衡与融合，比如服饰领域可通过时装定制与成衣选购两个途径，其中成衣适应个性要求的途径包括差异化品牌定位、细节变化设计、系列化设计、可搭配设计等。支撑人群对时尚事物崇尚心理的是其在实用与美感方面的优越性，追求优越领先则促成实用与美感方面的创新创优。

"时"即一时，是有限的一个时间段，恰如潮流有起有落。作为一时的共同崇尚，时尚发端于新事物的出现或其意义的新显现，成就于时尚传播网络的筛选而接受成为新潮，结果是流行于特定人群的大多数，终止于被最新的新潮事物取代一时共同崇尚的地位。终止于流行的不是时尚，而是时尚新潮的传播；从时尚新潮到流行时尚的过程中，崇尚者越来越多。

（二）时尚的社会前提

时尚现象的存在需要创意生产、传播模仿与消费流行三个必要环节；除了时尚事物的实用与审美创新因素，以及社会认同心理的影响，决定时尚消费选择的因素还有价格与消费水平的匹配程度，以及是否适合自己与得体。因此，时尚事物得以自然产生与传播流行的社会前提是广泛的生产力发达、交往生活丰富、购买力宽裕、个人自由与传播高效。

现代时尚的产生与传播则是自觉的过程，根据市场信息预期，根据市场效果调控，其社会前提更进一步，包括法治平等自由市场、现代工商产业、大众传播机制与艺术设计学科研究及专业教育。

（三）时下之尚、时代之尚、快时尚、慢时尚

"时"有时代与时下之分，时尚相应可以分为时代之尚与时下之尚。时代之尚的变迁动力是实用与审美的创优创新，时下之尚的变化动力是审美创新甚至只是求新求异。快时尚属于时下之尚，慢时尚基于时代之尚。

（四）前人"时尚"观念批判

表2-1内容出自姜图图博士学位论文对西方社会学文献关于时尚现象的观点梳理。

表2-1　时尚理论研究的社会学来源❶

时尚理论的研究者	对时尚的观感	动力学解释	相关观点
托斯丹·邦德·凡勃伦 [Thorstein B Veblen（1899）]	炫耀性消费，以展示财富和社会地位	为上层阶级的地位而奋斗，以及随之而来的较低阶层的模仿	时尚不仅是信号，还建构并再生产社会地位
西美尔 [G. Simmel（1904）]	社会差异和趋同是个体行动的基本动机；社会形式等同于大多数社会事实形成的稳定结构	对社会精英的模仿，而这些精英为保持阶级差别而创造新的时尚	时尚再造并稳定阶级结构，其运作机制，独立于任何特定的时尚内涵
布鲁默 [Herbert Blumer（1969）]	可能发生在以下情况下的特殊社会进程：1. 高变化率；2. 针对新模型的经常性介绍的开放性领域；3. 模型更替评估缺乏一个共同接受的准则	集体选择的过程相当于一个时尚精英尝试迎合一个普通趣味的过程。而这个趣味是通过时尚的行动者们在一个特殊领域的"集约型浸泡"而形成的	时装可以发生在任何领域，这取决于时尚的供应者对他们的模型获得承认的企图；时尚精英是通过时尚过程创造出来的

　　姜图图在其博士学位论文中指出，与"时尚文化"这样的当代时尚理解不同，最初的"时尚"概念等同于奢侈品和（高级）时装。正是从奢侈品的角度，凡勃伦最早将"时尚"看作是"炫耀性消费"的产物。正是从时装的即时性和模仿性消费中，齐美尔看到了现代社会制度境遇下的个人生存状态，如波德莱尔所说的那样，"时尚是理解现代性的一把钥匙"，也就是说，"时尚系统"被齐美尔解读为一种现代社会形态，因为它表达了同一性的社会制度与人各有己的差异性之间的张力，反映了现代个体对趋同性和个性两种趋势的矛盾追求。到了布鲁默那里，时装的生产与消费都成了共同趣味和经验基础上的集体选择，体现为一种反映时代精神、有着自身变化逻辑的"时尚潮流"。

　　但根据前面的分析，凡勃伦关注到的其实只是阶层严重分化社会的时尚病态现象；西美尔肯定了社会精英对时尚的贡献，强调的是阶层分化对时尚

❶ 姜图图. 时尚设计场域研究——1990~2010年中国时尚场域理论实践与修正 [D]. 中国美术学院，2012.

进化的正面作用，但不完全适合当代社会以及后发展民族的时尚建设语境；布鲁默的时尚观反映的则是时尚的自然正常形态。鉴于三位研究者处在两个不同的时代，他们之间的时尚观念进步体现的是正是时代的进步。

二、传统

（一）语义分析

传统是社会文化的一部分，"传"指其世代相传、连绵发展，手段有言传身教、文字记录、学校教育、物质遗产等；"统"指其系统性与整体性，有纲与目、核心与外围、内与外的区分，比如中华传统文化就有"华夷之辨"、四书五经、三纲五常。民族是基于聚居生活与文化认同的文化共同体的基本社会单位，有着一定的社会文化传统。

（二）传统的传承、变迁与进步、进化

民族传统文化是连绵发展的，往前可以追溯到创世神话，每个发展时期也都会留下印记，民族历史及在其中人们展现与延续的人文精神传统是民族间差异与内部认同的文化共性根据。有些民族国家历史很短，民族似乎就建构于现代新传统之上，比如美国，但基督教和自由主义在西方却源远流长。

民族传统文化还需要不断自觉推动进步与解放自然进化，包括自觉借鉴其他民族文化中的先进文明元素与解放其自然传播，以提升文明水平。但这文化进步与进化的层面只是民族性的时代性，而不是民族文化传统的断裂或者说忘本变质，虽然现代文化中有着越来越多的超越民族性的国际性成分。因为，主体性的人文精神层面是可以坚守民族特性的，至少可以通过人文精神交流融合的进化方式部分地坚守民族原本特性，形成既有更新又一脉相承的民族特性；而超越民族性的客观科学技术层面包括社会治理技术层面的文化是需要不断进步的，但它不应该影响民族人文精神传统的坚守与进化。

（三）传统与经典、古典、现代

传统以经典为文化载体。经典区别于一时之尚，而是历经时代变迁仍然没有过时的被崇尚文化事物。有时代经典，有跨时代经典。时代经典与时代之尚就事实而言是一回事，但意义强调不同，时代经典强调的是从时代内部看其时间的持续性与持久性，时代之尚强调的是从时代外部看其时间的有限性与起落性。

古典是传统的源头。古典并非过时了的以往经典，而是崇古崇神圣的时代（即古代）的经典，虽然有创新但仍然在代际间一脉相承，充满神圣感。古典文化具有民族性，西方古典不同于中国古典。比如寇鹏程博士学位论文指出"西方古典审美范式的主要内涵集中表现在三个方面：第一，它是一种'理性知识主义的审美'，以理性知识作为审美世界潜在的最高价值取向；第二，它是一种'和谐整一'的美学，把追求整体性、秩序性作为一个重要的审美理想；第三，它是一种泛道德化的'道德主义'的美学，把审美的道德功利目的作为审美的目标。"❶其中"理性知识主义的审美"就是西方古典特有的。

现代与古典时代相对而言，是崇今崇人文的时尚时代。当然，从历史事实视角看，崇古时代与崇今时代并没有截然分明的分界点，比如程广云就把西方现代性"区分为三个历史时期：一是面对前现代的早期现代性，二是占主导地位、起支配作用的中期现代性，三是面对后现代的晚期现代性"，认为"现代性是一个不断生成的历史过程。"❷。

现代的本质不是反传统，而是自由与传统的平衡统一。现代社会也仍然离不开传统文化，反传统的创新永远是局部的，而且会形成新的传统，不能积淀于新的传统的反传统创新是没有社会历史意义的，仅仅有自由与个性的意义。因此，现代传统的特点是自由活力与理论自觉推动下传统进化与进步的自觉与节奏加快。

---

❶ 寇鹏程. 作为审美范式的古典、浪漫与现代的概念［D］. 复旦大学，2004.
❷ 程广云. 后现代：走向"多元"的现代性［J］. 哲学研究. 2005（5）.

现代文明元素如现代设计文明构成超越民族的新传统，具有全球普适性。

三、传统与时尚的关系

古典时代只有经典没有时尚，现代经典则从时尚中沉淀而来，时代之尚即是从时下之尚中沉淀而来的时代经典。

时尚作为社会文化中最新崇尚的一部分。时代之尚与时俱进，与时代精神相互作用；时下之尚时时变幻，体现社会内部的自由活力。时代之尚标志历史传统的进步，时下之尚也不能完全脱离传统，否则人将不人。因此，时代之尚与时下之尚在本质上也并不反传统，时代之尚只是创新传统，时代之尚只是超越传统。

时尚文化要求经济条件的支撑，也要求政治条件的松绑，但不必有现代理性的引领。时尚文化并非只存在于现代社会，在半古典半现代的前现代社会（比如以天道与人道合一为主流价值观的传统中国社会）也有时尚。中国大多的少数民族仍没有时尚文化，是因为仍然受到古典时代的经济与社会发展水平的制约，个人自由空间有限。汉族在前现代就有自己的时尚文化，尤其权贵阶级与富裕阶层，只是由于政治条件的制约，许多领域成为时尚文化的禁区，比如明清两朝前期对服饰形制的规范与禁忌就非常严苛，但也常有经济繁荣、政治宽松的时期，个人自由空间较大，比如唐朝甚至明末的服饰时尚就比较繁荣。前现代社会时尚沉淀而来的经典事物对现代社会来说是前现代传统文化。

现代社会的时尚文化则进入自觉建构的境界。哲学理念变革支撑的品牌策划、产品设计与市场经营创新是现代时尚自觉建构的方式，也是现代社会才有的新传统。

现代的民族时尚文化对民族传统文化还起到活化保护的作用，也有激发进化的作用。

古典传统文化与前现代传统文化在现代社会并不一定会彻底过时，但必须通过时尚化获得新生。

四、民族时尚与跨民族时尚的关系

民族是基于聚居生活与文化认同的文化共同体的基本社会单位，其内部可能分化出族群的亚文化现象，向外则有跨民族跨文化的文化交流与基于文明的文化整合（比如中国56个民族在传统天下政治文明❶与现代国际政治文明共同作用下形成中华民族）。

民族时尚的主体人群是长期有着民族性聚居生活交往的特定人群，民族时尚也基于民族聚居生活与民族文化认同。按时尚传播范围或者说主体人群差异，与民族时尚并列的概念还有族群时尚与跨民族时尚（最大范围的跨民族时尚对应全球时尚）。比如，西方欧美各发达民族国家都有自己基于现代经济与民族特色的"民族时尚"，也有欧美发达国家基于西方文化共性的"跨民族时尚"即"西方时尚"，各国内部也有多样存在的"族群时尚"。又如，黎族某方言支系与黎族的时尚之间、黎族与中华民族的时尚之间、中华民族与全球的时尚之间，这些不同的相邻层面文化之间时尚互动关系难免有些差异，但也有基本同构的一面，即文化时尚与跨文化时尚的互动关系。这使得黎族服饰文化时尚化研究可以与中华民族时尚发展道路研究相互借鉴，从而也使得本研究的成果有更广泛的理论与实践意义。

"跨民族时尚"不是"民族间时尚"，是"跨文化性"的时尚，不是"文化间性"❷的时尚；它是跨民族传播的，但没有统一固定的时尚风源风向，即并非固定从某些民族国家传播到其他民族国家；它不是所谓的似乎优越于"民族时尚"的"国际时尚"，没有绝对主宰的时尚话语权。

正常的时尚机制不会固定方向传播。时尚话语权优势结合不平等的文化传播势位优势，才会导致时尚在民族间包括民族国家间固定单向传播的现象。

---

❶ 根据赵汀阳《惠此中国：作为一个神性概念的中国》（北京：中信出版社，2016）的论证，秦以后的传统中国是"内含天下的中国"。又因为，传统中国还不是民族国家，还没有中华民族，因此，中华民族是传统天下政治文明与现代国际政治文明共同作用下产生的文化共同体。

❷ 赵汀阳，［法］阿兰・乐比雄．你是利玛窦那样的人吗——关于一神论的系列通信之一［J］．江海学刊．2017（2）．二人在不同文化之间交流互动根本方式理念选择问题上肯定了"跨文化性"而批判了"文化间性"。

典型而影响广泛的是，由于西方时尚领先现代化了，取得了"国际时尚话语权"，"西方时尚"作为"国际时尚"得到传播，对后发展民族国家而言，它是西方世界时尚事物向缺乏时尚话语权区域辐射的单向传播。比如作为"世界四大时尚中心"的欧美都市巴黎、伦敦、米兰、纽约，就是审美资本主义时尚话语权全球化的产物。

跨民族时尚若同时被本民族人群所广泛欣赏与接受，则它也是民族时尚的一种类型。比如，欧美的中国风服饰既是国际时尚，也是欧美的民族时尚，却不是中国的民族时尚。

五、时尚设计与时尚化设计

时尚设计是为了让设计成果成为时尚事物的设计。时尚设计显然也可以分为时代之尚设计与时下之尚设计，其中时代之尚设计包括划时代的设计创新与奔着成为时代经典的设计创新。时下之尚设计可以在时代之尚基础上做一些变化，比如民国时期旗袍的长短与开衩高低变化；也可以是新奇路线的设计。

民族时尚设计即民族风格时尚设计，是为了让设计成果成为民族时尚事物的设计，服务对象是本民族特定人群。民族时尚设计中，传统文化可以有两种存在形态，一是作为时尚事物的传统文化底蕴存在，甚至包括对外来时尚事物的民族化改造；二是作为显性的传统风格时尚类型存在，比如民族时尚服饰的形象复古或气象复古。各种方式都依赖于一定的市场，都对于传承与发展古典与前现代传统文化有一定意义。

时尚化设计是民族时尚设计的一种，其起点是古典文化或前现代传统文化，以激发民族时尚的发生。其语境是有些民族还未完全走出没有时尚的古典时代与没有自觉时尚设计的前现代，其传统文化在接触外部现代社会后容易面临消亡危机，需要经由民族时尚沉淀为现代经典而得以承转续兴；巨大的时代差之下，古典传统文化尤其难以招架现代异文化时尚的冲击。通过民族文化时尚化与时尚文化沉淀实现传统文化现代化是传统文化传承与创新的必由之路，时尚化设计也就必不可少。

时尚设计包括时尚化设计，主要包括事物物性、审美与适用方面的创新创优设计❶。物性是客观的；审美是基于客观的主观的；适用标准则包括主体、事情与社会标准，适用性设计会涉及事物物性与审美方面之于主体、事情与社会标准的适当性设计，又可表述为适己（适应客观特点、主体个性、主观特殊需求）、适事（实用）与得体（适应场合特点与社会评价）三大方面。下面只就与民族文化认同关联密切的审美设计方面展开。

美感按审美对象可分为物态（质料与形态）观受美感、人文（精神与人伦）观受美感与事情（实际与虚拟）体验美感，三者相互交织；其中人文观受美感更多涉及民族文化认同，但它也会辐射体现于物态观受美感与事情体验美感之中。比如，服饰美感并非只是物态美感，也包括人文美感，并可通过联想作用勾起虚拟事情体验美感。

审美按方式可分为直感审美与动情审美。邓晓芒先生指出"经过'对对象的情感'所中介了的'对情感的情感'，即美感"❷。笔者认为邓晓芒先生这个观点是片面的，忽视了不预带情感而纯粹由形式感觉与实际感触激发的美感，这种美可谓直感美。相对于直感美，作为对"对情感的情感"的美可谓动情美。动情美带来审美的文化差异，直感美则更多人类共性、动情审美敏感于传统的用于传神、传情、示意与寄望等文化功能的意象与意境及其艺术创构手法（比如中华民族传统艺术的写意、留白）而容易产生情感共鸣。动情审美的深层原理与文明自觉层面才具有人类共性，通常较多民族文化差异性，尤其动情审美中的情感共鸣审美是支撑社会文化认同乃至民族文化认同的审美心理机制。

从服务对象定位的角度，时尚设计包括三类：一类是为了让设计成果成为时尚事物而流行的事物设计，除了时尚性，还要考虑目标人群的特征定位，不妨称为流行时尚设计，其中的创意设计是定向设计引导下的创意设计；一类是高级定制时尚设计，要兼顾客户个性与时尚性，设计过程有一定的互动

---

❶ 华梅在其专著《服装美学（第2版）》（北京：中国纺织出版社，2008.P53~70）中只阐述了"服装设计"的"审美价值"与"适用价值"，这是因为其中"设计"概念已被基于美学视角且未加声明地预设窄化为艺术设计。

❷ 邓晓芒. 关于新实践美学原理的再思考——再答恢辉先生［J］. 湖北大学学报哲学社会科学版，2009（6）。

性；还有一类是仅仅为了让设计成果成为时尚事物的事物设计，只考虑物性与美感方面的优越性，不考虑是否适合流行与具体客户个性，比如用于展示的概念版汽车与走秀款服装，不妨称为纯粹时尚设计，主要方式是概念设计、创意设计或概念设计引导下的创意设计。

六、时尚生产机制与时尚争合场域

姜图图在其博士学位论文中指出，如果说，布鲁默消解了时装生产与消费的二元关系，将它们共同看作时尚的生产机制的话，那么布迪厄则从文化生产的角度，阐明了这个生产机制的基本结构和运行逻辑。他通过对高级时装设计中的符号编码和解码过程的分析，解读了作为文化生产的"时尚系统"的空间结构和时尚话语权斗争关系，"时尚系统"在这里成为由历史和具体社会条件所建构（Configuration）的一个特殊文化领域，即"时尚场域"（Field of Fashion）。时尚场域研究不是对场域内部的参与者（时尚设计师和时尚机构）之间的功能关系的考察，而是对其斗争关系以及因斗争而导致的力量关系的变迁过程的考察。

或者说，布鲁默讨论的就是时尚生产机制，而布迪厄更加侧重讨论的是时尚斗争场域。布迪厄不仅客观地关注宏观的时尚生产系统功能结构及其运行，而且更加关注不同系统之间相互冲突、对抗与融合的时尚话语权力争合关系与过程。

民族国家内部主流文化的统治与亚文化的抗争，国际的文化灌输与文化抗争，都适合用布迪厄的时尚争合场域视角进行分析。

因此，时尚化设计要产生实效，就必须开展时尚生产机制的设计与建设，以及面向时尚争合场域的谋划与奋斗。

七、传统新命

根据以上的概念释义可知，传统新命就是民族文化从古代传统走向现代传统，而现代传统则以现代经典为文化载体，因此，传统新命的指标是从古典与前现代传统衍生现代经典；同时，现代经典虽然从时下之尚中沉淀而来，但也可以有奔着成为时代之尚或者说时代经典的自觉设计，因此，民族时代之尚设计是从古典或前现代传统衍生现代经典的中介。同时，时下之尚设计也可以有民族传统风格底蕴或者复古风格。这些都是实现传统新命的实践着力之处。

民族时尚建设除了有时尚化设计层面的任务，还有时尚生产机制的建构任务，以及时尚话语权的争取任务，其中还应考虑民族时尚与族群时尚、跨民族时尚之间的互动与相互转化作用。

第三章 民族时尚何以可能

攸关民族时尚何以可能的根本动源问题，至少包括时代条件、实践动源与信念动源三大方面。

时代条件方面，这是一个走向话语权多极化、价值观多元化的时代。西方现代化进程中的前期民族时尚是缺乏充裕发展空间的，因为各民族古典崇尚文化在现代经济与社会条件的支撑下酝酿成民族时尚，但同时也受到领先发达国家审美资本操纵的时尚文化的冲击。市场经济全球化发展到一定程度后，后发展民族国家经济与社会发展到一定水平，国际经济、政治与文化的发展都逐渐出现多极化趋势。同时，欧美的主流意识形态也通过后现代主义的反思与去中心化而走向价值上的多元主义。两种趋势共同导致了跨民族国家时尚的话语权多极化、价值观多元化的发展倾向，越来越趋近全球时尚的本质，也打开了民族时尚的宽裕发展空间。否定性的后现代主义对世界文化去中心化起到了一定作用，但其价值相对主义的趋势是走向价值虚无主义，对民族文化建设同样不利。民族文化建设需要以建设性的后现代主义超越否定性的后现代主义的意识形态，需要坚持价值元素与价值理论的普世主义与实践价值体系的相对主义，如此才能自觉自主积极开创民族文化建设包括民族时尚建设的新时代。

下面主要反思讨论民族时尚的实践动源与信念动源。

第一节　实践动源：文明先进性与文化自觉自主性

　　时尚事物得以自然产生与传播流行的社会前提是广泛的生产力发达、购买力宽裕、文化自由与传播高效。但这还不足以构成民族时尚的存在根据。民族时尚的存在根据还要在与其他民族文化相互比较与相互作用中得以立足。

　　时尚文化属于表层文化，因此，从一时的发展状态视角看，民族时尚兴衰是民族文化兴衰的外在表现。比如，民族服饰时尚的进步发展离不开中国经济政治文化的全面进步发展这个大前提，如此才会有国人民族自豪感全面提升，洋气也将与"高端大气上档次"、时髦、时尚等意思失去关联，那才是适合中国人特质的现代服饰全面流行之时。当然，民族文化自信也反过来助力民族文化兴盛，并不必得到民族文化全面兴盛之时。因此民族时尚的心态条件是民族文化自信，发达条件是客观上的民族文化兴盛。

　　但如果从发展趋势视角看，活跃的民族时尚文化是民族文化生机活力的外在表现，而文化的活力源于文明支撑与包容的文化可能性以及具体独特主体自觉自主的积极实现，因此，民族时尚的最终实践动源是文明先进性与文化自觉自主性。

一、概念释义：文化、文明

　　文化、文明这两个概念难有统一的定义，通常作者会在相关论述前基于不充分的论证给出自己的定义。对于与既有事物对应语词转化来的概念，正确的做法应当是释义。

　　文化对应的英语单词是Culture，文明的对应的英语单词是Civilization，词源上本义都有教养、教化之意，日常语言中经常混用，但它们其实是有差别的。Culture在词源上的语境是农业社会、农民，因此还有栽培、种植之意，农作物与野草、家畜与野兽的区别体现出的是教化的不野蛮性。Civil在词源上的语境则是城市、市民与城邦、公民，因此还有公共空间带来的身份意识

"开化"之意。而且根据考古学结论，城市国家是同文字与法律相伴生的，因此，文明的支撑符号体系必须包括文字，而文化的支撑符号体系可以只是口语及更早更低水平的符号体系。文字与公共空间带来的还有语言载体的客观性与意思传播的可靠性，以及观念的反思与论证，因此，文明是具有公共维度进而得到反思淬炼而明智的文化。

从汉语语义分析看，文化强调"化"即"教化"，是动词转名词，指能够说得清、教化传承的东西，虽然脱离野性，但教化内容不一定是优越的，是中性词；文明强调"明"，是形容词转名词，指能够辩得明、反思改进的文化成分，是褒义词。因此，文化以语言为镜像，以语言为存在之家；文明则以哲学为根本，以哲学为变革动力。不妨造个词"文明化"，则可显示文化与文明的关联，它是褒义词，属于文化的明智部分，对应"开化"。如此看来，文化与文明比较准确地反映了Culture与Civilization的深层区别与联系。

语词语义进一步引申，文化就是广义的一切人文事物，文明则是其中基于公共反思与论证智慧的明智人文成果部分。比如，中国传统文明的根本是基于天道观念的变通明智❶与天下公道，古希腊文明的根本是基于逻各斯观念的客观明智与自由法理。

文化与文明都有优劣、先进落后之别。无文明的文化前进是自然发生的进化，有文明的文化前进是自觉推动的进步。比如，古代历史按实践工具可以划分为旧石器时代、新石器时代、青铜器时代、铁器时代都属于技术文化的分期，旧石器时代、新石器时代都是漫长的偶然创新形成的技术进步，到青铜器时代、铁器时代才有技术试验文明，之后到科技哲学奠基的科技时代才有技术实验文明。

人类文化与文明总体上是从低等向高等逐渐发展的，文化有发展水平问题，文明决定着文化发展方向与速度。文明是自觉开放进步的，文化则也可能自然流变或者自觉封闭，文明是活跃进取的，文化是相对保守的。如果文明在文化之中改造着文化，则文明是文化的自觉活力所在。在文明时代，文

---

❶ 赵汀阳. 作为方法论的中国 [J]. 陕西师范大学学报（哲学社会科学版）. 2016（2）.

明成果成为文化的主流。

文化与文明总是以一定人群为主体的。原生民族是基于相同语言与聚居生活形成的文化共同体，有着一定的社会文化传统。一个原生民族可以有许多方言地区，比如黎族有5个大的方言，不同方言地区之间主要是发音与习俗的细微差别，文化传统上则大同小异。文明民族则基于文明共识与不同文化聚居人群之间跨文化交往而形成的文明共同体，但也会有自己的以文明成果为核心的特色文化传统。

文明有时代性与先进性，而无地域专属性和民族专属性，这些可以从世界历史上各民族间的文明交流现象得到验证。各民族可以有自己的独特文化，对文明进步可以有自己的独特贡献，却不会有自己的专属文明。可以说，民族的仅仅可能是世界的，世界的必然可以是民族的，那些被认为是世界的事物必须可以适合于各民族。这是因为，文化不一定是文明，文明则是可以学习共享的文化。全部文明都可跨人群传播，是全人类都可以学习共享的，或者说，是普适于全人类的。

对一个民族而言，文化与文明前进方式可以大致分为四类，民族文化内部的文化自然进化与文明自觉进步，以及民族文化之间的文化自然传播与自觉借鉴优质文化文明。因此，自觉保持文化与文明先进性的根本方法是开放文化交流与从善如流的自觉学习以及自强不息的自觉创新，而文化文明的自觉学习与创新都基于民族文化自觉，都对应一个民族文化自觉反思与创新的过程。因此，文化进化与文明进步并非单线发展，文化与文明传播导致多源发展的相互竞争、交流、融合，加快文化进化与文明进步。

民族文化传统并不只是基于智慧的文明成果，还包括基于主体特质、地域特点与历史约束的特色审美偏好传统，以及智慧与审美取向交织的特色人文精神与伦理实践信念传统，以及它们的表层文化成果，因此，民族的不一定是世界的，世界性不能全面支撑民族性，民族文化前进还需要文化自觉自主性，对外来文化的不同成分谨慎地区别对待。先进的表层文化可以轻松地择优吸取，这通常没什么大问题；民族审美偏好不具有文化普适性，但与可共享的智慧文明没有根本冲突，应当尊重与维护其独特性甚至专属性；人文精神与伦理实践信念传统的改进则由于智慧与审美问题交织而显得比较复杂、困难，应当维护其优化过程的自觉自主性，同时应当避免成为最顽固的民族文化传统保守力量阻碍文明及其成果的传播与自觉学习借鉴。

二、西方现代文化影响下各民族文明先进性建设与文化自觉自主性的作用

人类各民族间的文化交流，也促进了人类文明的发展，但各民族文明发展的步伐远非一致。

西方文艺复兴与启蒙运动推动了近现代学理、法理文明进步，哲学、科技、市场经济与法治自由民主大发展，社会以不断变革进步为常态，生产力爆炸式发展，其基于剑商并举模式的各种殖民行为更使得非西方的各民族各国家也都被迫卷入全球化历史进程，各后发民族文化则面临存亡危机。

因此，对于落后文化民族而言，民族时尚何以可能的问题则转换为，在西方先进文化推动的全球化进程中，如何在从西方借鉴文明甚至赶超的同时自觉自主地维护民族文化安全与推动民族文化复兴？

有的民族文明落后，实力弱小，几乎被灭绝种族，民族文化也未曾自觉自强；有的民族虽自古亡国流散，但因为独特的信仰文化与应变适应能力，至今仍保持本民族文化特色与活力，并终于建立民族国家。

中华文明文化同化吸收过许多外来文化，近代以来则更多是吸收西方文明优质，但仍然没有被西方文明同化。以变通明智与天下公道为根本的中华文明与以客观明智与自由法理为根本的西方文明，差异深巨，融合不易，道路曲折，仍在路上。从大脉络看，先是"中体西用"，后以日、俄为师，一百多年后才终于"改革开放"并以坚持"中国特色"真正做到有自知之明的"独立自主"，虽然至今仍是发展中国家，但复兴步伐较快。总之，从宏观的文明进步视角看，中西文明融合要优于故步自封或全盘西化，也将优于原生的西方文明文化。

从全球化历史进程中各民族传统文化存亡危机下的不同反应与结果可以

看出，各民族国家文化间的竞争短期看是民族国家综合实力的竞争，长期看却是文明先进性的竞争，因为文明先进性攸关着民族文化的发展方向与发展速度，同时要在民族文化自知之明基础上坚持民族文化自强的自觉自主性。

文明先进的异文化带来冲击，文明传播本身却可能带来机遇。为民族文化发展提供激发和锤炼文明进步动力的核心因素，在人类早期是自然环境的挑战与应对，后来主要是文化碰撞与文明融合。因此，在全球化历史进程中，只要应对态度妥当，后发展的民族就不仅面临传统文化危机，同时也面临文明进步转机与动力。

我国一些地处偏远的少数民族包括黎族，过去因为交通不便，外界文明的影响力被阻隔减弱，本土文化得以仍保有古典原味，但随着市场经济全球化与我国市场经济建设的全面推进，原来封闭环境中传承的少数民族文化也必然受到外界现代异文化的强烈冲击，虽然受到保护政策的扶持，但也需要自觉自主地实现与时俱进的文化文明变化才能存续。由于与现代文明差距巨大，所能坚持的只能是其审美偏好，这使得其民族时尚文化建设意义重大。在文明先进性建设上则可与中华民族整体的文明先进性同步前进。

三、坚持文化自觉自主性应当以文明先进性建设为前提

民族文化传统必然以民族既往历史为进程起点、以特定地域环境为自然载体，必然有其独特性，民族文化前进需要自觉自主。但坚持民族文化独特性不能阻碍文明先进性建设。文明具有先进性，文化发展才会有妥当的方向与较快的速度，这样才能在文化竞争中兴盛起来，才可能有作为表层文化的民族时尚文化的活跃。

文明进步才是民族文化的质的提升，缺乏质变的民族文化发展可能只是量变、形变。比如西方的中世纪和中国的皇帝制度朝代更替时期，文化虽有不断发展与变迁，却是伦理政治文明进步几乎停滞而科学技术文明发展极度缓慢的时期。

民族文化的先进性在于其文明化的整体水平。这可以从世界历史上人类

各民族间的文化竞争与民族兴衰现象得到验证。比如宋朝汉族文化与北方游牧民族文化之间，两宋伦理经济文艺发达，军事体制却落后，结果常常被动挨打。北方游牧民族虽然在军事上取得胜利，但在伦理经济文艺等方面却逐渐被汉族同化。

当代中国所谓"中国特色"不是为了打开改革开放之路的权宜话语，而是为维护民族文化自觉自主而张目，是为文明学习与创新提供民族国家主体基础。这就必须同时防止另一种可能，即以文化特色为理由，被人利用于抵制文明进步。近代中国以"中体西用"来抵制文明进步是不智的。

四、文明先进性建设不能否定文化自觉自主性

虽然排斥文明进步是不智的，但由于民族文化传统必然以民族既往历史为进程起点、以特定地域环境为自然载体，因而在同样的文明形态下，仍然会因为地域环境条件、历史进程状态条件与人文偏好条件的差异，使得民族文化及其优化进路具有独特性，这就必须保持文化变革过程的自觉自主性。

全球化历史进程中民族传统文化的新生出路，首先必须以汲取和创新当代先进文明为前提，痛快地打开走向文化转型发展的大门；其次，要坚持本民族的文化主体地位，在文明进步之路上坚定方向，同时，在文化转型之路上以自知之明的主见支撑自尊自爱自信自主地维护保持自身文化特色。

其实，即使在西方，也存在各民族国家文化特色问题，科学与民主只是其多数国家文化的共性内容。中国的文化特色与西方各民族国家间差异相比只是更明显一些而已。

西方文明也仍在发展之中，西方文化也存在这样那样的问题。尤其西方文化一味地强调客观与自由，在公义与变通的方面有所欠缺，在这个意义上说，"全盘西化"是不对的。

"西体中用""中西合璧"论都没有论及文明先进性，隔靴搔痒，没有把问题与对策说通透。应该自觉在文明先进性基础上张扬民族独特性，而民族文化自觉自主性是自觉赶超西方文明和张扬民族文化特色的前提。

五、文明先进性及文化自觉自主性视角下的中国服饰时尚

服饰是穿着在身上的文化，与饮食一样是文化中最切身的有形物，是文化变迁的重要表征。民族服饰时尚文化是民族表层文化的一部分，既包括服饰形态的象征符号系统与民族服饰设计方式方法与理念系统，也包括服装产业文化与着装文化，还包括民族服饰产品与文物。

中国原来作为秉持天人变通而时中长久之道❶、兼顾智慧与德行教化的文明国度，"华夷之辨"是以文明标志民族，中华文明是先进的，中国文化是中心的且活跃的，每当繁荣时期都有着自己的时尚文化，而且本土的时尚就是（周边）世界的时尚。

但中国在近现代世界文明发展进程中没有跟上快节奏的发展步伐，在国际竞争格局中沦为文明落后国家。在被迫主动学习追赶西方文明的变革过程中，国人很快放弃传统天下观而树立中华民族意识。虽然由于对传统文化的批判渐深导致民族文化自豪感渐衰，但是坚持民族文明先进性追赶与民族文化自觉自主性的努力一直没有放弃。在这样的基调下，随着整个民族文化的变迁，中国服饰时尚文化也一起经历了一系列变迁。

先是西装革履的零星引入，后有辛亥革命"剪辫易服"推行具有现代气息且融有政治符号的中山装，西装革履开始流行，然后有立体化设计改良的旗袍盛行，被誉为国服。从设计哲学看，中山装是"西体中用"的产物，旗袍是"中体西用"的产物，都被看作"中西合璧"的典范。需要指出的是，民国年代的时尚之风影响主要及于城市，对经济文化落后且发展缓慢的农村影响很小。

中国共产党移风易俗的能力从乡村开始发挥，执政后才及于城市。改革开放前，大陆城乡皆流行中山装、列宁装、制服尤其军装等，政治符号功能主导着服饰流行。

改革开放而与西方市场接轨后，服饰的政治符号功能淡化，审美功能成

---

❶ 赵汀阳. 作为方法论的中国 [J]. 陕西师范大学学报（哲学社会科学版），2016（2）.

为流行主导因素，西化服饰沿着由南向北、由城至乡的路线风行，经济的发展和人们对服饰美的追求促进了中国服装业的发展，西式服装设计及其专业教育也发展起来。洋气压倒土气，是这一时期的风尚特点，从某种程度上说，这个时期没有民族服饰时尚可言。

加入世贸组织后，中国很快成为服装生产大国。然而在产业分工上，中国服装产业处于底端，设计产业薄弱。一方面服装设计活动受到压抑，服装设计人员冗余流失，另一方面服装设计专业教育质量难以达到产业要求。服装设计教育改革与产业革新问题越来越受到重视。随着国家综合实力和国际地位提高，以及国内服饰时尚的现代传播体系的建设与发展，民族风格服饰的流行成为可能，民族化设计开始得到认可。不过形势仍然不容乐观，民族服饰时尚的流行仍然不够广泛。

很多人恋念中山装和旗袍主导服饰时尚的年代。然而那样特殊的时代条件已经一去不复返了。当代的民族化服装设计，不仅处于中西文化交流已经相当深入的时代，而且要面对鉴赏能力越来越高、审美取向多元化、容易审美疲劳的消费者，还要面对国际品牌设计产业的强大竞争力。几年前"中体西用"式唐装流行后很快衰弱就是例证。

问题在于，目前业界的民族化设计理念仍然大多不能超越"西体中用""中体西用"等"中西合璧"的简单思维格局，甚至说成传统元素与国际时尚相结合，意识中还没有"民族时尚"这样的概念。与服饰文化相关的研究方向主要集中在文化考古、文物及非物质文化遗产保护、旅游开发、传统元素的设计应用等方面，有的则主张在民族特色方面可以无为而治❶，能够在先进服饰时尚文明汲取基础上深入做好中国文化特色自觉的服饰设计研究与实践还远远不够。

根据前面论述的民族文化发展与文明进步的关系原理，适合中国人特质的现代服饰时尚这一理念中，现代是文明的时代性概念，这方面要求主动学习与创新先进的服饰设计文明；中国气质是民族文化特色概念，涉及天赋、

---

❶ 马蓉. 注重原创：探索新的服装形态和着装方式［J］. 四川戏剧. 2009（4）.

偏好等特质因素，这方面应该自觉自爱自尊自信。总之，民族文化自觉自主地在文明先进性基础上张扬民族独特性，以创新推动适合中国人特质的现代服饰多元化设计与产业发展，才是中国成为服装设计强国的必由之路与民族服饰时尚复兴的光明大道。

第二节　信念动源：民族文化自觉自信支撑民族时尚话语权

服装产业界与消费者都存在对民族文化自信不足的问题，制约中国服装品牌的市场空间、时尚话语权与设计创新能力，对中国服装品牌的发展形成了瓶颈效应。民族文化自信必须建立在民族文化自觉的基础上，这就需要加强哲学的反思与艺术的反省。黎族服饰时尚品牌的立足也离不开黎族人的民族文化自信，与中华民族文化自信支撑中国风格时尚品牌的原理大同小异。同时，黎族人的民族文化自信又以中华民族文化整体自信为前提，因此，本节重点论述如何提高中华民族文化自信以支撑民族时尚品牌。

一、问题背景

（一）中国服装业已经取得了一定的发展成就

改革开放四十多年，中国已经成为服装出口生产大国、服装消费大国、服装奢侈品消费大国；中国服装在款式、材质、做工等硬指标上与国际品牌已经没有太大差距，战略定位独特清晰的本土品牌也有一些，少数品牌开始走向国际。随着经济发展与生活水平提高，以服装制造业的发达与服装设计专业教育的起步为支撑，民族服饰时尚的大发展成为可能。

（二）民族文化自信不足对中国服装品牌的发展形成了瓶颈效应

虽然取得了一定成就，但是中国总体上还算不上服装品牌强国[1]。

多数企业仍然处于为西方品牌贴牌加工与追随西方潮流的层次，部分成功品牌靠品牌形象的洋包装取巧。服装产业界在国际时尚界价值观失语，没有话语权，难以产生世界级服装品牌。设计师们也缺乏对民族文化的足够自觉与自信，限制着立足民族传统文化土壤的设计创新力，难以产生世界级服装设计大师。

服装消费者方面，由于对西方文化的向往与憧憬，多数以洋气为荣，以本土风格为土气，追捧洋品牌或者洋款式，偶尔追捧一下中式服装也是因为先有洋人追捧。服装消费者对民族文化的自信问题限制着中国服装品牌的市场空间；虽然近年来民族自信心随国力有所提升，但多数人还没有达到形成较强民族自豪感的程度，对服装设计民族化的成长促进作用有限。

总之，民族文化自信问题从产业界和消费者这两个方面，制约了中国服装品牌的市场空间、时尚话语权与设计创新能力，已经对中国服装品牌的发展形成了瓶颈效应，是必须正视的重大问题。

（三）实干家们的态度与努力

面对民族文化自信不足对中国服饰品牌发展的瓶颈效应问题，产业界有的悲观，有的消极批评，但也有的客观主动，或强调品牌文化和运营经验的客观差距与追赶耐心，或强调加强设计师的个性风格与品牌文化内涵，或强调改善民族化服装设计的创新方式，或强调研究与引导消费者，或以行业实践推进文化自信。

一些事件成为触发中国人民族自尊心与文化自豪感的政治事件为关键时间节点，民族服饰时尚化的努力开始产生效果。比如，2001年上海举行的APEC会议上，各国领导人身着"中式唐装"（由清代马褂改良设计而来）集体亮相，这使得在海内外华人中迅速掀起了一场"新唐装"热。虽然"新

---

[1] 中国制衣. 文化自信与品牌价值 [J]. 中国制衣. 2012（12）.

唐装"在迅速流行之后又逐渐淡出了人们的视野，但它促成了关于"国服"的讨论和"新中式"设计的兴起。柒牌男装2004年以"龙的精气神"为设计灵感的"中华立领"系列服装一炮走红，扛起了"时尚中华"大旗；奢侈品品牌NE·TIGER于2006年提出了"中国奢侈品复兴与新兴宣言"，并推出了中国第一个高级定制中式婚礼服"凤"系列，之后一直注重秉承"贯通古今、融汇中西"的设计理念，推出代表华夏民族精神的高级定制华服；马可设计师品牌"例外"于2006年将核心思想从"例外是反的"进一步提升为"创造和传播基于东方哲学的当代生活艺术的经营理念"。2014年APEC会议服饰"新中装"，楚艳的设计理念是根为"中"、魂为"礼"、形为"新"，此后国家领导人经常穿着"新中装"出席国内国际活动，结果再次带起一股"新中装"潮流，支撑了一批中国风格服饰时尚品牌的崛起。

但总体上看，现在仍然只是中国风格服饰时尚站稳脚跟，还谈不上全国与国际范围的中国风格服饰时尚的崛起复兴。

（四）深化哲学反思的必要性

实干家们对民族文化自信的影响主要是信心层面的，还需要在信念层面着力。必须借助追本溯源的反思，也就是哲学的思想方式，才能基于通透的理解确立坚定的信念。

中国人的民族文化自信是一百多年前被西方的军事、科技、文化打垮的。"剪辫易服""西风东渐"，正是因为民族（服饰）文化传统的深刻危机而作出的寻找民族（服饰）文化现代化出路的努力。"中体西用""全盘西化""中西合璧""西体中用""古为今用，洋为中用"代表了以往中国文化哲学思想界在文化革新方面典型的反思成果与根本态度，然而它们有的过于偏激，有的看似比较稳妥，但在基础认识上仍有不周全的问题。只有深化哲学反思，才能周全考察、通透理解民族文化更新复兴的根本问题，确立坚定的信念。

二、民族文化自觉自强与民族文化自信的关系

（一）民族文化自信应建立在民族文化自觉与自强基础之上

民族文化自觉是对自己民族文化的特性、比较优劣势、危机与自强的觉悟，还有对自己民族文化特质的自尊、民族文化优质的自爱、民族文化安全的自重等问题的觉醒。

民族文化自信是对民族文化生命力、优越性与发展预期的信念信心。民族文化自信应该建立在民族文化自觉的确证基础之上，明确民族文化自强方向，否则就是盲目自信[1]。

（二）民族文化的三个向度：先进文明成分、落后文明成分、民族独特性

德国作家诺贝特·埃里亚斯在《文明的进程》中说："文化是各个民族彼此不同的东西，文明是各个民族越来越相似的东西；文化常常是固守不变的，对外来文化有抗拒的；而文明是前进的、变化的，是殖民的和扩张的。它总是在用普遍规则来瓦解特殊习惯。文化的考察可以发现民族之间的差异，而文明的考察使人们感觉各民族之间的差异有了不同程度的减少"。这个观点的确有启发性，但也有文化殖民主义倾向的错误，它合理化西方把自己包含落后文明成分与自己文化特色的价值观文化打扮成为"普世价值"文明来强力扩张。其问题在于混淆了概念，其一，混淆了民族文化独特性与客观的民族独特性并从而遮蔽了后者，因而没有将民族文明与民族独特性并列而论，从而靠有着片面优势的文明获得不文明的文化单向传播势位与利益。其二，混淆了文明元素与文明，文明是生成的，并且广泛存在着文明元素的传播，因此文明不是铁板一块，并非要么全部先进、要么全部落后，如果文明殖民是正当的，那么应当让谁向谁殖民就辩论不清楚了，只能靠实力支撑不文明的强权说了算。其三，混淆了"普世价值（体系）"与普世价值元素，文明的

---

[1] 黎志隆. 关于文化自觉和文化自信的哲学思考. 视听［J］. 2012（12）.

内核除了知识还有信念，知识讲究客观的真假，信念则讲究实践中的优劣，必然相对于实践条件而言，价值观终究是信念，价值体系优劣评判要考虑自身实践条件，因此，只有价值元素才是必然普世的，价值体系则不一定普世。

应该这样讲，任何民族的文化都包括三个维度即先进文明成分、落后文明成分与民族独特性；民族独特性对外来文化的抗拒是正当反应，对外来文化的落后文明成分的自觉抵制也是正当的，外来文化中包含的先进文明成分是应该自觉积极主动学习借鉴的东西，但也不能靠强权去搞所谓文明殖民，要确保善意则最多只能柔性劝导。

文化自觉出问题，大多是混淆了先进文明成分、落后文明成分与民族独特性，这样往往会导致对外来文化的两极化偏激反应，或完全抗拒保守，或完全屈服自卑"全盘西化"。即使"中体西用""西体中用""中西合璧"等貌似中庸的观点与态度，也都是思想错乱的表现，是把传统文化现代化兼顾文明先进性与民族独特性的"古今中西问题"偷换成了只有地域特色比较交流的"中西问题"，或者说只看到"中西问题"而埋没了"古今问题"。

（三）民族文化自觉自强与民族文化更新主动权

"古为今用，洋为中用"是把握住了民族文化复兴主动权的正确态度，但它对先进文明元素的强调并不明晰，没有分别深入分析比较中华民族文化与西方文化的先进文明成分、落后文明成分、民族独特性，影响民族文化自觉的贴切性，在确定具体如何"古为今用，洋为中用"的时候就难免出现主观性大的问题。

全球化不只有所谓分工和重新配制，也不一定带来共赢，发达国家制定游戏规则难免从自身利益出发，用新的形式维护自己在国际价值链中的顶端地位。所谓"国际风格"的品牌流行和设计思潮全球化，往往以世界民族文化多样性的消亡作为代价，与民族元素的国际流行相伴的可能是民族文化自觉自主精神的消亡。

民族时尚服饰文化应该反映民族独特性，各个民族时尚服饰本该各具特色。不能混淆地做民族服饰与时尚服饰的划分，不能认为民族的不时尚、时尚的不民族，民族服饰时尚化设计应该在古典传统基础上现代化，但不是赶时髦，也不是西方化，也不是"中西合璧"之类，而是做到民族特色与时代感、时尚感的结合。

应该警惕近代以来国人面对民族文化危机时的两极思维，这会阻碍了民族文化和外来文明元素的自主融通整合。文明差异是互补与合作的前提，异质文明的相遇对各方都是自我丰富与更新的契机，所以应不断适应全球化和现代化，适应不同文化文明同台竞艺，促成良好的互动交流，在时尚服饰品牌文化建设中自觉抵制狭隘的民族主义，坚持在融通发展进步与批判借鉴超越的主动努力中弘扬民族特色。只有让中华文化在不断提升文明先进性中不断走向世界，中国人的民族自信心和自豪感才会不断得到提升。

三、价值观反思、优化及辩护与民族文化自信的关系

民族文化的核心是价值观，国际话语权的竞争从根本上而言就是不同民族在价值观优越性上的相互比较、批评与辩护。因此，时尚话语权离不开价值观话语权。没有民族价值观思想的自觉维护、更新与输出，要创立富有国际竞争力的民族时尚品牌就缺乏了民族文化根基，甚至民族时尚文化的诠释话语权也会丢失，设计师们以投其所好的心态设计作品，结果只能陷入要么被指责抄袭西方设计，要么被指责卖弄中国元素的怪圈。要奠定民族文化自信基础与国际话语权，必须自觉维护与优化民族价值观；其中，应以理性语言和感性语言相结合的方式加强对民族价值观的反思与表达，这是周全而高效的方式。

（一）价值观的理性反思、优化与辩护

不务反思的哲学是神学与圣学。西方输出的价值观的理性表达具有哲学的表象，然而人们不务反思的态度使其成了一门神学，其价值观话语也就成了神话。西方的现代神话统治着西方文化主导的世界，必须打破现代西方神话，才有东方文化的话语权。

中国人应该反思，自己民族传统的价值观差在哪里？是不是应该全盘否定？西方的价值观好在哪里？是不是能够全盘接受？有没有系统清晰地反思过这些问题？大致情况是，比较过，反思过，但还没有想明白，还没有形成新的民族价值观的理性表达，没有自己的价值观哲学，在现代语境中失语了，当然也就没了话语权。

西方文化的先进性主要在其理性方法论，这是东方人应该汲取的文明精神。然而西方的自由主义价值观既有其价值元素的先进性，也有其价值体系偏颇性，不应全盘接受。

应该考察西方价值观形成的原点，当年西方的奴隶主把奴隶当作会说话的家畜看，实际上也就把自己摆在了"理性动物"的位置，亚里士多德"政治动物"概念是建立在"理性动物"概念基础之上的。虽然西方自由人在追求真理、利益、权益的智慧上已经超越了动物，但其自由主义价值观并没有使他们在道德维度超越动物，因为自由是动物也有的，而自由主义就是把个人的自由放在第一位，因而也就是把动物性摆在了第一位，自由理性不过是"理性动物"的动物理性。动物没有的是社会权利包括社会认可的自由权利，"政治动物"也就是政治自由权利基础上的权力动物。理性自由、政治自由只不过是在智慧文明与契约文明上超越了动物自由，自由主义价值观奠基于自然法，而没有奠基于道德基础之上，因此并没有超越动物的价值取向。

儒家也有自由观，"从心所欲不逾矩"，这是把人伦道义、集体规矩放在第一位，而把个人的自由、快乐、私欲放在第二位，对这一做人道德根本问题的觉悟才是体现人与动物差别的价值观。在道德人的基础上，自然人与权利人才不是高等动物，人性也就不必是半兽性、半神性。

一旦揭开极端自由主义价值观的本来面目，就知道它实在不值得令人自豪，至少不值得经过儒家文化熏陶过的人们向往。"普世价值"神话是以混淆概念（见"民族文化的三个向度"章节第一段）的诡辩术与简单二分非此即彼（民主/独裁、自由/奴役、法治/人治）的修辞术等话术炮制以霸占价值观话语权的话语，儒家文化民族不能被西方价值观话术迷惑。

当然，传统儒家价值观也有自己的问题，虽然没有被看作动物的奴隶阶级，但也有君臣、官民、父子、夫妻等权力身份等级问题。不平等就可以不讲逻辑，所谓合情合理是可以违背逻辑的，不重视逻辑就使得哲学与科学没能发展起来，并且因为独尊儒术而使得儒学成为一门不容反思超越的圣学。不平等还破坏了契约精神，不能在道德人基础上确立权利人与自然人的自由。公共政治空间的不平等、不科学、不自由导致偏于集中却不够民主。这些正是近代以来中国文明相对于西方文明的落后根源，是值得儒家文化民族反思与优化的。

还应该反思的是，现代化的儒家文化教养下的道德人（支撑着权利人与自然人）应如何与西方人打交道？不管怎样，至少不会价值观失语、失去民族文化自信了。

（二）价值观的感性反省、优化与辩护

不务反省的艺术只是工艺与技艺。中国宋代就区分了文人画与画工画，画工画往往只见物象而不见人心人性，文人画则强调表现人心人性。西方也有画匠与艺术家的区分。艺术要反省的正是有没有表现人心人性。很多人也已经认识到，服装品牌的个性就是人的个性，是消费者有时也是设计师的个性，个性不只是身份地位、生活方式，更是一定生活方式中的人心人性，服装设计也要表现人心人性。

服饰设计需要以形象与气质相呼应即"文质彬彬"地共同构显人心人性的气象。必须反省，这种生活方式是不是美的？这种人心人性是不是美的？自己的服装设计需要表现的是怎样的人心人性？怎样去表现？这样才可能成为服装设计艺术家。

美学的人学，人性的美学，确立的可谓感性的价值观。感性价值观既有超越民族特质的普世文明的东西，也有民族文化特色的东西。儒家文化民族的人们应该自省能否及如何从内心接受西方的感性价值元素，然后再考虑是否或究竟应在何种意义上崇尚西洋服饰。

西方自由主义的基于"理性动物"自觉的人性美学是以酷（Cool，冷，自由人的感情温度，理性人的情绪温度）、性感（Sexy，动物性别的气象）、帅（Handsome，中性的形式美）与优雅（Elegant，有教养的气象）为基调的美学。帅是超越民族文化特质的感性价值观，形式美的法则也是服装设计专业必学的，酷和性感当然也各属于一种美。作为美感元素，这些也都是超越民族文化特质的。

西方人还从动物的性与生存繁衍斗争本能出发，衍生出系列审美概念，日常生活中还有快感、快乐、高潮、优美、浪漫、崇高、激情等，艺术类型有正剧、悲剧等。基于自由理性则还有清新、干练等人性美学概念，艺术类型还有科幻、荒诞等。作为美感元素，这些也都是超越民族文化特质的。

问题是，偏执于以酷、性感和帅作为美学标准却是西方特色的。另外，基于神性的圣洁等人性美学概念是宗教特色的，需要进入其语境才能感觉到。

中华民族有自己传统的感性价值观。儒释道合流的儒家基于做人修养自觉的人性美感是以温和（仁德的气象）、端庄（道义的气象）、清秀（无贪嗔痴的气象）与优雅（有教养的气象）为基调的。比如，同是儒家文化传统的韩国时尚服饰的色彩主流是传统的温暖色，这是对儒家仁文化自信的表现。这些仅仅依靠服饰物态美层面是无法表达的，也不仅仅需要衣身心协调的设计，还需要结合价值观语境的象征与含蓄留白方式得到表达与理解。

西方的生活美学是近来才有的思潮，儒家传统则早有自己的生活审美眼光，其关键词是（家庭）和美、（生活）幸福、（气象）吉祥。儒家与自由感有关的生活审美关键词是逍遥（超脱世俗烦恼的气象）、洒落（从心所欲不逾矩的气象），虽然还需要加强理性创造的力量，但仅从伦理生活文明比较的视角看，逍遥与洒落比冷漠甚至冷酷的截然自由更优越。

当然中国古典审美传统也有偏执，不能固执而需优化。应以包容多元来接受西方感性价值元素，构建中国现代的多元时尚与经典主流。

感性价值观需要以物态形象与故事意象的方式落实与表达其直观形态，这是实用艺术时尚与文艺时尚的领域，需要实用艺术与文艺两方面的时尚化与互动。

（三）理性与感性融合的价值观辩护

感性的价值观需要理性的价值观的意识形态支撑，理性的价值观需要感性的价值观融入日常生活与具体实践。当两方面的力量相互激发与回应，相互理解与表达，相互支撑与维护，就能形成互相推动共同递进的关系，这正是现代社会的一个特点，这是因为崇今而乐于和同时代的人互动。文化哲学与艺术创作的互动共进，艺术家与哲学家的互动共进，高效推动着时尚思潮与产业变迁的节奏，才成就了西方的文化产业领先地位与时尚话语权。现代化儒家文化的民族也应该自觉加强这样的互动共进，形成合力，共同培养和维护自己的文化产业文明先进性与民族时尚话语权。

四、品牌观自觉与民族文化自信的关系

（一）品牌时尚服饰的标识功能有三个方面：认同、差异与个性

服装最早的标识功能包括作为民族认同与族群区分的标志，后来发展为阶层认同与身份区分的标识功能，后来又发展为泛泛的贵贱贫富的体现，再后来发展出作为社会场合认同的标识功能，现代社会才普遍重视反映个性的功能。因此，现在服饰承担的标识功能可以分为三个方面：认同、差异与个性，甚至可以同时标识三个方面。这就意味着，强调服装标识人的个性与类型的功能，与标识民族认同功能并不一定冲突。

时尚服饰品牌通过差异化与优异化承担标识人的类型与个性功能，既然这并不与标识民族认同功能必然冲突，则除非人们普遍缺乏民族文化自信，否则民族时尚品牌就有可能。可以说，消费者的民族文化认同关系到民族品牌的总体发展空间，这不只是对中式服饰品牌如此，而是对所有民族品牌都如此。

（二）品牌价值的三个层面：有偿价值、无偿服务与无价服务

只做有偿价值交换的品牌还停留在近代资本家典型的经营思维层次，眼里只见钱不见人。有偿价值交换决定了服务品质要受到价格制约，因而仅仅做这个层面就要求尽量价廉物美，结果导致价格战，以及创新与模仿的赛跑，导致利润空间局促。

无偿服务不只可以作为促销手段，还可以作为降低各方交易成本的手段，

而且可以看作建立见钱也见人的新型交易关系的必要。把人当人看，重视顾客的特征、具体意见与特别要求，这应是现代服装品牌应有的品质，是稳定客源所必需的，这种人际关系还可以延伸到公司内部，将有助于提升生产力与创新力。

无价服务的本质特性在于把个人当个人看，用心服务，交心互动，这至少是私人定制时装业中所应有的。

无偿服务与无价服务是超出有偿价值的品牌价值的根源所在。基于有偿价值、无偿服务与无价服务共同形成品牌风格，才是品牌个性的终极所在。因此，服装品牌战略仅仅强调差异化是不够的，还必须同时在有偿服务、无偿服务与无价服务层面加强优异化建设。

值得注意的是，无偿服务与无价服务是传统资本家没有的，而传统儒商却早就做到了。突破中国服装品牌发展瓶颈的关键恰恰是从做资本家回到做儒商的正道。儒商文化因其平等关系基因而对传统儒家文化有所超越，是尤其值得弘扬的优秀传统文化。民族服饰品牌经营者应以现代儒商（"现代"要求儒商加强理性与法治素质）的文化身份自觉，弘扬民族传统文化，承担起民族文化现代化转换的责任，承担起更多的社会责任，将是民族之幸，也是中国服装品牌发展的正道。

五、黎族文化自信何以建立

首先，黎族文化是中华民族文化的一支，并且与汉族及其他少数民族有着几千年的文化互动交流，祖先神开天辟地的神话与汉族也大同小异；加上由于始终没有自己的文字，聚居区也比较偏远，现代化进程起步较晚，再通过改革开放进入社会主义市场经济与城镇化进程，因此，黎族文化是中华民族文化整体中的一脉，黎族文化自信的建立必然以当代的中华民族文化整体自信的建立为前提。

其次，黎族文化自信的建立同样需要以文明先进性与民族文化自觉自主性为基础功夫。文明先进性建设应争取与中华民族的文明进步整体同步，在时尚事物的功能设计、直感审美设计和时尚品牌经营等方面追赶文明先进性。民族文化自觉自主性方面则可突出黎族传统的独特艺术工艺与审美偏好，提炼能够激发动情审美共鸣的感性价值观特点，在物态形象设计层面予以表现，在民族故事意象建构层面予以表达，以落实与表达其直观形态，同时需要实用艺术与文艺两方面的时尚化与互动。

六、小结

对民族独特性与传统文明特征及优化的不清晰认识与偏激态度是导致失去民族文化自信的根源，也是把握不好民族文化更新主动权的根源；民族文化自卑导致价值观失语，又是民族时尚品牌难有全球时尚话语权的根源。应从民族文化、服饰文化、品牌文化的清晰自觉出发，端正认识与态度，明确民族文化自强方向，实现民族文化自信，把民族时尚服饰品牌战略自信建立在民族文化自信基础之上，才能逐渐增强中国时尚品牌在全球时尚中的竞争力与话语权，才能逐渐实现民族文化复兴与民族时尚服饰品牌的自强与输出。黎族文化自信的建立必然以当代的中华民族文化整体自信的建立为前提，同时加强黎族的感性价值观及其直观形态建设。

第一节　好坏如何看：时尚本质与变质

一、时尚本质与正常状态

时尚是一时共同崇尚，但其活力源泉却是个人自由。形成共同崇尚的氛围除了社会认同心理作用，还有各人基于个性自觉在追求优越领先与社会认同过程中不尽相同的崇尚心理机制。支撑人群对时尚事物崇尚心理的主要是其在物性、美感与适用方面的优越性，追求优越与个性则是促成创新创优的激励力量。

群体一时共同崇尚的正常状态基于各人都有自己对事物是否优越的评判。即使由于社会文化认同作用而相互影响，也仍然保持多元的审美标准，多元的时尚话语；时尚话语只是时尚消费的参考而不是主导，因此能够坚持择优、适己、得体等基本价值导向。

二、时尚话语权与时尚异化变质

时尚话语权则基于时尚话语对时尚消费的影响力而获得的时尚市场主导权。

现代时尚设计尤其突出实用设计与物态直感审美设计,当实用层面的技术优势和物态直感审美设计层面的创意优势转化为产品品质的总体优势,结合理论能力优势就可衍生出时尚话语权优势。

良性的时尚话语权不损害时尚文化的自然多元形态,而只是提供新观念促进其优化;恶性的时尚话语权则通过洗脑制定统一审美标准,损害审美标准的多元,是一种时尚异化变质。

审美资本必然追逐时尚话语权,因为时尚话语权带来更大的利润。当审美资本拥有了传播资源优势,为了扩大利润,往往会唯新不唯优地缩短时尚产品的更新周期,不惜造成客户金钱浪费与地球资源浪费,这也是一种时尚异化变质。审美资本的多元竞争利于维护时尚话语权的良性。

三、时尚流行分层与时尚异化变质

贫富分化严重社会中的上流人群,以价格高昂的奢侈时尚事物使大众虽然崇尚却无从模仿,造成时尚流行的分层。较高阶层的人群有的唯贵不唯优,背离时尚本质,是一种时尚异化变质。而较低阶层的人群往往为了虚荣而高消费超出自己实际经济承受力的时尚事物,这必然导致对事物本身价值评判与应对的扭曲,也是一种时尚异化变质。即使采用对低成本模仿消费较高阶层时尚的方式,也仍然可能导致对事物本身价值评判的扭曲,比如唯高端而不顾适己而遮蔽自己的个性,扭曲自我认同,进而导致时尚异化变质。

落后文化民族人群在先进文化面前失去文化自信,追逐时尚中遮蔽自己的民族特性,扭曲社会认同,也属于时尚异化变质。

由于经济拮据,或者由于品位粗陋,唯价廉物美而不顾适己与得体,则是另一种时尚变质,导致的是劣质时尚的流行。

四、民族时尚好坏评价标准

综上所述，好的民族时尚应当符合以下几条：

第一，审美评价标准：多元，不一元。

第二，消费选择导向：兼顾择优、适己与得体，不唯新，不唯贵，不唯同（不以追求认同的名义迷失自己），不唯异（不以追求个性的名义迷失自己或者导致不得体）。

第三，文化意识形态：有民族文化自觉自强自信，开放文化交流，不被文化殖民主义洗脑，也不搞极端民族主义。

第四，时尚传播体系：兼顾经济效率与社会效益，鼓励创优创新设计（时尚活力之源），不搞话语垄断，不被资本操控。

第二节　如何做为好：品牌道路与设计原则

如何做的问题，必然涉及行为主体的身份立场及其视角，这里只从时尚设计主体与时尚品牌策划主体视角展开，讨论设计原则与品牌道路，并且以民族服饰时尚领域为例展开讨论。

一、概念措辞与界定

服饰是服装与饰品的总称，除了起到保暖、携带等基于物性的实用功能，主要还是基于包装与修饰起到辅助塑造身体形象、精神气象与社交仪表的作用，支撑人的姿态、神态、仪态，以及满足相对于环境、处境、意境的适合或调控需要。服装要素包括款式、色彩图案、面料等，款式结构与面料质地支撑造型。服饰时尚设计包括时尚化设计同样主要包括事物物性、审美与适用等方面的创新创优设计。

（一）民族服饰或民族传统服饰

民族服饰或民族传统服饰是以民族人群为穿着主体的传统服饰。民族服饰承载着一个民族传统的社会人文甚至地理环境信息，在面料特征、款式造型、色彩图案、穿着方式上具有明显的可识别性，历经世代传承，缓慢地变迁发展。

（二）民族风格服饰与民族风（情）服饰

民族风格服饰或民族风情服饰是带有异族风味、情调的现代服饰，满足求新求异的时尚心理，从有形元素入手设计制作，往往形似而神不似。

民族风格服饰是整体风格能够体现民族人文精神风貌的现代服饰，满足本民族消费者基于民族文化认同崇尚创优创新事物的时尚心理，不一定固守传统服饰有形元素。❶

（三）民族服饰时尚或民族风格服饰时尚

民族服饰时尚或民族风格服饰时尚是服饰领域的民族时尚，以民族风格服饰为物质载体，以民族人群为评价与消费主体，认同与发扬民族传统服饰文化。民族服饰时尚的根本动源是人们崇尚创优创新的民族风格服饰，同时兼顾适己与得体的消费观。

（四）民族风格服饰经典

民族风格服饰经典从民族服饰时尚中沉淀而来，是经久不衰的民族风格服饰时尚。比如旗袍之现代中国女性服饰时尚，西装之于现代西方男士服饰时尚。

---

❶ 刘天勇与王培娜编著的《民族风格服装设计》（北京：化学工业出版社，2016. P5~60.）也有相关论述，但其中没有做"风格"与"风情"的概念区分，所谓"现代时尚"实际被无意识地预设为国际时尚，"民族时尚"意识被遮蔽。

（五）民族风格服饰时尚设计

民族风格服饰时尚设计是为了让设计成果成为时尚服饰的民族风格服饰设计，设计服务对象是市场中作为消费者的本民族特定人群。同一般时尚设计一样，也可以分为时代之尚设计与时下之尚设计，其中时代之尚设计包括划时代的设计创新与奔着成为时代经典的设计创新。时下之尚设计可以在时代之尚基础上做一些变化，也可以是新奇路线的设计。从服务对象定位的角度，同样包括三类：流行时尚设计、高级定制时尚设计、纯粹时尚设计。

民族风格服饰时尚设计中，传统服饰文化有两种基本存在形态，一是民族时尚服饰的隐性传统文化底蕴，甚至包括外来服饰的民族化改造；二是显性传统风格的民族时尚服饰类型，按有形元素变化程度又可以大体分为形象复古风格与气象复古风格。

（六）民族传统服饰时尚化设计

民族传统服饰时尚化设计是民族风格服饰时尚设计的一种，其起点是古典服饰文化或前现代传统服饰文化，以激发民族服饰时尚的发生。简而言之，民族传统服饰时尚化设计是面向市场中作为消费者的民族人群的开创性的民族风格服饰设计。

民族传统服饰时尚化设计的语境是有些民族还未完全走出没有服饰时尚的古典时代与没有自觉服饰时尚设计的前现代，其传统服饰文化在接触外部现代社会后容易面临消亡危机，需要经由民族服饰时尚沉淀为现代经典而得以承转续兴；巨大的时代差之下，古典服饰文化尤其难以招架现代异文化服饰时尚的冲击。通过民族服饰时尚化设计与服饰时尚文化沉淀，实现民族服饰文化现代化，是民族传统服饰文化传承与创新的必由之路，因此，民族传统服饰时尚化设计也就必不可少。

二、民族风格服饰时尚及其品牌的创生道路

（一）坚持民族人群的着装主体与评价主体地位

对黎族风格服饰时尚品牌策划而言，服饰设计的服务对象是黎族人群。因此不仅要从文献出发研究黎族共性的民族情感与民族传统特色审美，还要尊重具体黎族人的民族情感与对民族传统特色审美的实际感觉与看法；需要贴近黎族人的生活场景，才能设计出既具有高度审美性又具有高度适用性的民族风格服饰。同时，可以通过定制设计途径建立对民族人群领风人物的个案接触交流，实现对民族时尚心理的深入而动态的感性领悟与互动。

（二）品牌定位兼顾接续传统文化、文明与时俱进、引领民族时尚三原则

接续传统文化方面，在款式、色彩、纹样、工艺等方面以仍然不过时或者无所谓过时的民族服饰文化类型、审美特点与承载民族人文观念与情感的服饰元素与艺术手法为主体。

文明与时俱进方面，一方面淘汰不再符合现代生产条件、观念条件、生活场景条件的传统服饰元素；另一方面在生产效率、面料舒适性、结构合理性、形态直感美设计等方面做出符合当代科技与艺术设计水平的变化处理。时间成本控制尤其需要在科技应用层面与时俱进。比如，传统的黎族服饰的制作完成需要传统的纺、染、织、绣技艺，特别像是美孚方言的扎染长筒裙，从上架、整经、扎花到染色、拆花，再到重新上腰机织纬，到最后做成一条长筒裙，常常需要半年甚至一年的时间。如此之低的生产效率已经远远不能适应现代这个高速发展社会的需要了。这也是现在的黎族人平日里不再穿传统服饰的主要原因。工业设计提高生产效率，改善成衣性能；有些民族特色手工艺，其效果奇妙，难以机械自动化生产，即使单就技术意义也仍然不落后于时代，应该加以发扬。

引领民族时尚方面，依据民族人群生活世界的开放与发展现状，设计契合民族文化发展自我认同的民族风格创新服饰，并力图使之具有在定制与成

衣市场中成功的可能性，也就是把设计目标定位为引领民族风格服饰时尚的创生。对于以文化旅游经济为主的少数民族，舞台装设计主要只考虑其承担民俗旅游经济中的传统文化表达的功能，生活装设计则需要兼顾外来旅游者的时代性的时尚审美认同。

（三）从定制品牌起步，再审时度势拓展成衣品牌

首先，根据时尚事物重新由特别到时尚新潮再到流行时尚的发展规律，需要较长时期存在一些黎族领风人物热衷穿着黎族风格服饰，才能逐渐形成广泛的民族服饰时尚心理（即一时又一时地共同崇尚不断创优创新的民族风格服饰），而后者是民族风格成衣时尚市场的社会心理基础。所以需要首先以民族服饰时尚定制品牌打动领风人物，才有可能以民族服饰时尚成衣品牌生存于服饰时尚市场竞争之中。

其次，民族服饰时尚设计从许多实际具体的定制设计个案中总结一些共性的经验与教训，才能支撑比较成熟的民族服饰时尚成衣设计，以利于黎族风格服饰时尚品牌运营风险可控。

（四）以民族时尚品牌故事建立与争取时尚话语权

对黎族风格服饰时尚品牌策划而言，除了做降低成本、改善舒适度等方面的科技化、市场化改良，还需要叙述时尚化的民族故事，提升服饰品牌的民族文化内涵，建立与争取时尚话语权，而不仅仅是重点着力于服饰设计环节。

（五）以先进的民族风格思想与文艺更新支撑品牌故事

只有整个民族文化自觉、自强、自信了，民族服饰时尚才能兴盛起来，对黎族等少数民族而言也是如此。必须在影响深远广泛的思想与文艺层面致力于民族文化更新，才能解决民族文化自觉、自强与自信问题，否则品牌故事的话语权也就是无源之水。

如果能够与政府及行业协会协调形成民族文明进步与文化进化的合力，当然更好。

三、民族传统服饰时尚化设计原则

民族传统服饰时尚化设计是面向市场中作为消费者的民族人群的开创性的民族风格服饰设计。除了服饰的实用与审美创新因素，以及社会认同心理的影响，决定服饰时尚消费选择的因素还有价格与消费水平的匹配程度，以及是否适己与得体；其中社会认同心理与得体心理及审美共鸣心理是交织的。这些方面都需要统筹考虑。

（一）走民族时代之尚设计路线

民族传统服饰时尚化设计的前提是还没有民族时尚的市场氛围，也就不存在容许时下之尚变幻的充分市场空间，这就必须走时代之尚设计路线，追求对于本民族而言划时代的甚至成为时代经典的设计创新，同时也是对于开放服饰时尚市场而言不落后于时代的设计创新。

时代经典并非不考虑个性体现，个性体现仍然可以通过定制时装的细节处理以及成衣的细节变化设计、系列化设计、可搭配设计来实现。

（二）兼顾直感审美创优设计与动情审美共鸣设计

服饰美感按审美对象主要包括物态（质料与形态）观受美感与人文（精神与人伦）观受美感，同时一些服饰语言寄望符号也可以让人联想到虚拟事情体验美感，三者相互交织。

服饰的物态（质料与形态）观受美感更多源于直感审美设计创优，这方面更多是全人类相通的，需要向世界上最先进的设计创优看齐，甚至追求有所创新。只有这样做，才不仅在与民族传统服饰比较上是优越的，而且在与同时期其他风格服饰比较中也不落下风。这是部分民族时尚服饰可能跻身全球服饰时尚的根本支撑。

服饰的人文（精神与人伦）观受美感则更多涉及民族文化认同，传神、传情、示意与寄望等文化功能方面的艺术设计更可能勾起动情审美共鸣。对于表意系服饰文化，应当重视民族传统特色的意象与意境及其艺术创构手法

（比如中华民族传统艺术的写意、留白）。其中，意象与意境的传统艺术创构手法是民族文化创新的文化根脉依据。

（三）物性等其他方面也要设计创优与统筹兼顾

舒适、健康、透气、吸汗、散热、保暖等物性方面的创优设计，也是全人类相通的，涉及服饰科技应用、设计理念与技法等层面，应当向世界上最先进的设计创优看齐，甚至追求有所创新。

特定场合功能服饰需要针对性适用与得体设计，定制服饰还要适合顾客个性及满足特殊要求。面向市场的设计则还要兼顾适合品牌定位市场人群消费水平的价格定位。

（四）设计模式多样并存

比如，中山装是外来时尚服饰（西装）的民族化改造；民国女子时尚旗袍形成于款式改良的民族传统服装时尚化设计，特点是表意（仪表）与表象（性感）的结合与平衡；"新唐装"属于形象复古的民族服装时尚化设计；"新中装"是一个方向，属于气象复古的民族服装时尚化设计，也可采用有形元素；具备跨民族时尚气质的民族风格服饰时尚设计，可兼顾喜欢黎族风格服装的非黎族爱美女子，包括来民族聚居区的游客。

各种设计模式都依赖于一定的市场，都对于传承与发展古典与前现代传统文化有一定意义，可以多样并存。

第五章　黎族及其传统服饰文化概况

第一节　黎族概况

黎族主要集中居住在海南中部和南部七县两市，其余散居各处。黎族没有文字，只有语言，有哈、杞、润、赛、美孚五种方言。

黎族虽然地处偏远闭塞，文化传统因而风格鲜明，但在其形成过程中也不乏文化交流的因素。汉朝就有汉族人大批迁入海南岛，后来又有苗族、回族大批迁入，与黎族人混杂而居。移民带来了铁器和农耕技术，提高了黎族生产力，也在一定程度上影响着黎族文化。隋唐宋时期，海南岛与内陆关系日益密切，逐渐成为中国与南海各国贸易要道，黎族"贡品"香料、玳瑁等也是外贸畅销品，黎族经济社会得以进一步发展。元朝初期，黄道婆从黎族学习了当时领先的棉纺织技艺，回到家乡加以改进，使内陆棉纺织业空前发展，成为黎汉民族文化交流的华彩一页。

第二节　黎族女子传统服饰总体概况

　　黎族女子传统服饰主要由上衣、筒裙、风帽、饰物等构成，特色鲜明，各方言女子服饰之间则同中有异（图5-1）。

哈方言　　　杞方言　　　润方言　　　赛方言　　　美孚方言

图5-1　黎族各方言传统服饰

（图片来源：《中国黎族》，王学萍主编）

一、基本结构形制

　　黎族服饰与体型、自然资源、生产生活方式及地方性知识有关，也与族系、信仰、仪俗、审美偏好等人文因素有关，这既形成了黎族服饰特色，也导致了黎族各方言服饰特点。比如，罗活、抱由、抱曼的哈黎女子上衣比较宽大，只贡的哈黎女子上衣则窄小得多；哈应的哈黎和东方、昌江的美孚黎筒裙既大又长，而白沙润黎女子筒裙则既小又短。

　　总体而言，筒裙是长且宽还是短且窄，主要由自然环境与经济方便的实用因素决定。筒裙短更适于深山生活的黎族人翻山过坎，同时也因为生产艰难，长筒裙可用作被子、背小孩或背东西的吊兜，剩余部分可以往里面折叠，身体长高则逐渐翻出来，能从幼年一直穿到长大成人。长筒裙主要出现在靠近平原的方言地区，行走无碍，同时说明经济条件比较好，并与汉族服饰文化的影响有关。

二、常用图案

黎族服饰纹样丰富、内涵深远，是黎族历史记忆和文化传统的载体，是黎族人生活特点、历史信仰与艺术审美的符号反映，题材涉及人、动植物、自然景观、几何形状和定型物象等。

各方言地区的黎族妇女纹样题材各有特点。深山区域的黎族女子多偏好用山中动植物做纹样模本，接近平原区域的黎族女子则偏好以河里的水生动物做纹样题材。

黎族女子不只是模拟题材原貌，而是通过构思与技巧加以简化与定型，形成充满寓意不失泥土气息又富于艺术魅力的纹样。

虽然图案题材众多，但核心主题都是人和人的生活。

三、色彩的运用

以往黎族服饰的纺染织缝绣都是自家的女子完成的，染料是常见的野生植物的浆液，也有家种的，以特殊矿物、灶灰或者泥土作为辅助，染色效果浓郁、耐久。黎族传统服饰以黑或棕色为基调，辅以蓝、青、橙、黄、白、红等色，织出的面料色彩斑斓。各种颜色有着不同意蕴。

四、黎族妇女配饰

黎女盛装配饰很多，戴满头、耳、项、腕、指、脚踝。样式丰富，银质或者铝质，不同方言又各有特色（图5-2～图5-5）。

杞黎女子盛装项圈很有特点。新月形，开口似龙头或蛇头，寓意吉祥（图5-4）。

佩戴饰品多而重寓意富贵。比如有些地区女子盛装有项圈多而重，有的佩带圆形耳环多个，或者胸前、发际挂满圆形似钱币饰品（图5-6）。

哈黎风帽式头巾也有特色（图5-7）。黑底，其上织有色彩艳丽的波浪形

图5-2　哈方言1

（图片来源：《黎族传统文化》，王学萍主编）

图5-3　哈方言2

（图片来源：《黎族传统文化》，王学萍主编）

图5-4　杞方言

（图片来源：《黎族传统文化》，王学萍主编）

图5-5　润方言

（图片来源：《黎族传统文化》，王学萍主编）

条状几何纹，重复排布。左右下沿有红或黄色长穗，活泼精致。

　　美孚黎的年轻女性把自织的植物染色围巾围成帽子的形状带在头上，头顶是独具特色的鸡纹样与人形纹样设计，结构规整，色彩搭配富有美感（图5-8）。

　　白沙润黎人形骨簪最有特色（图5-9）。牛腿骨雕成，单头或双头。长约23cm，宽约2cm，厚约0.8cm，雕工精细。簪头雕有古代一位黎族部落头领人像，头冠很高，象征权力。簪身雕有几何纹样，主要是三角形、菱形、方形，也有雕鱼形、水波与花果纹样的。纹样寓意美好，构图疏朗有致。

图5-6　哈黎银项圈

（图片来源：笔者拍摄，实物来源于三亚市崖州古越民俗博物馆）

图5-7　哈黎风帽式头巾

（图片来源：笔者拍摄，实物来源于三亚市崖州古越民俗博物馆）

图5-8　美孚黎的年轻女性

图5-9　白沙润黎人形骨簪

（图片来源：笔者拍摄，实物来源于槟榔谷风景区服饰展览厅）

第三节　黎族传统服饰各支系概况

黎族各方言女子传统服饰虽有主流风格，但随地域和生活习俗的不同也不尽相同，构成了一个非常庞大的服饰文化体系。

一、哈方言妇女服饰

黎族五大方言中，哈方言人口约占五分之三。分布也最广，主要聚居在乐东县，也大量分布在东方、昌江、保亭、陵水与三亚等县市。服装也最丰富而多彩。哈黎可细分为罗活、抱曼、志强、抱由、哈应、抱怀等土语地区，服装服饰也相应有差异（图5-10～图5-12）。

图5-10　罗活哈黎服饰
（图片来源：《黎族传统文化》，王学萍主编）

图5-11　志强哈黎服饰
（图片来源：《黎族传统文化》，王学萍主编）

图5-12　抱由哈黎服饰

（图片来源：《黎族传统文化》，王学萍主编）

哈黎女子上衣宽大，袖长过肘，无领，对襟无纽系带，衣侧开衩。面料是不提花的黑色素锦，下摆、后背与门襟等部位配几何形数纱绣。领沿红布镶边或绣花边。

筒裙宽松，长度在膝上下。筒裙腰部纹为彩色经纬线，裙面织有艳丽纹样。多是人形纹，也有动植物与工具纹样。

头巾多是用买来的黑布两端绣花做成，有的两端有穗。

二、杞方言妇女服饰

杞黎主要聚居在保亭、琼中、乐东，以及陵水县大里乡、昌江县王下乡。

杞黎女子传统服饰特点是，筒裙及膝，上衣无领长袖，对襟无纽，红色短布条系之。相对各排有五个圆形和五个条形银纽装饰。对襟系拢时，银纽并成一线。上衣上半截以黑为底色，绣以红白装饰。上衣下半截与筒裙织成繁复纹样，以红白黄绿色为主。几何纹与人形纹为主，动植物纹和花卉纹为辅（图5-13～图5-15）。

图5-13　五指山番茅村杞方言服饰正面

图5-14　五指山番茅村杞方言服饰背面

图5-15　水满杞方言服饰（图片来源：《黎族传统文化》，王学萍主编）

杞黎各土语服饰有一定差异。昌江县王下乡杞黎女子上衣为直领。琼中县通什镇杞黎女子上衣为圆领，有的以遮胸布代纽。营盘镇什运地区杞黎女子服饰有黑布红花的肚兜，上衣短柱花是当地特色，还绣有腰花与袋花。毛栈、毛贵、毛阳等地杞黎女子不系兜肚，上衣也无柱花和袋花，腰花也简化了。保亭杞黎女子上衣与汉衫相似，筒裙长至靠近脚踝，受汉族与赛黎服饰影响较大。

三、润方言妇女服饰

润黎聚居于白沙县中南部，女子服饰特点是，上衣为V领或圆领贯头衣，宽而短，袖长，无领，不开襟。
衣两侧、衣襟下摆、衣背下半部、
袖端均为红色，部分有双面绣或
单面绣纹样。筒裙窄而短，仅到
大腿中段，在五种方言中最短。
头巾有的绣有纹样，有的为纯色，
多为黑或深蓝（图5-16）。

图5-16 润方言妇女服饰
（图片来源：《中国黎族》，王学萍主编）

润黎服饰又分三种。白沙式
女子上衣为贯头衣，不分前后，
两侧是双面绣花边。高峰式女子服饰流行单面绣，衣襟下面花边只两层，短
裙纹样分四层。元门式女子上衣是圆口，领口有拴穗，前后襟下沿花边已经
简化，侧缝只两条单面绣窄花边，筒裙边花较粗大。

四、赛方言妇女服饰

赛黎主要聚居在保亭东南部、陵水西部，少量在三亚杂居。赛黎女子上
衣无领对襟，下着筒裙，喜佩各种银饰。纹样多以人形、动物为主，另嵌入
羽毛、河蚌壳及云母片寓意吉祥平安（图5-17～图5-19）。

图5-17 保亭赛方言1
（图片来源：《黎族传统文化》，
王学萍主编）

图5-18 保亭赛方言2
（图片来源：《黎族传统文化》，
王学萍主编）

图5-19 陵水赛方言
（图片来源：《中国黎族》，
王学萍主编）

保亭赛黎女子上衣多为深蓝或蓝色，老年人多为黑色。高领似旗袍领，右衽长袖。大襟从衣领左开向右斜排，布纽。筒裙长而宽。由裙头、裙身带、裙身、裙尾构成。分日常筒裙和盛装筒裙。

赛黎女子头巾是一条纯色黑布。缠时在脑后打个结，两垂带长短不一，长的垂在背后，短的齐肩或只到颈部。

五、美孚方言妇女服饰

美孚黎主要聚居在东方与昌江（图5-20）。

图5-20　美孚方言女子传统服饰

美孚黎女子上衣底色为黑或者深蓝，领大至胸，袖长，对襟无扣，只以一对小绳系之。筒裙宽长，五幅布拼成，长到脚踝，穿时前面打一褶，其纹样用绞缬染工艺制成。长发挽起，黑布头巾有白条纹。

筒裙的五幅布，叫法也特别，其他方言所谓裙头在美孚黎叫裙下，裙尾叫裙头，中间三幅叫裙二、裙眼与裙花。除裙花直接采用有色棉线织成多种几何花纹图案，其余四幅都是绞缬染法织花。

第六章　黎族女子传统服饰的造型及结构研究

黎族传统服装属中国传统服装的一支，是十字形结构的一种变体。上衣前片后片是一幅布，纵轴是衣身中线，横轴是肩袖直线，简单直线裁剪并用手工缝合而成。

第一节　黎族女子传统服饰整体造型特点

首先，无论长短，筒裙纹样都一环环宽窄变化有致。比如，杞黎女子筒裙紧身及膝，几圈水平窄纹穿插一圈宽的花纹；绕臀的一圈宽花纹最明艳，走动时有动感。又比如，润黎女子紧身超短，腰以下有绚丽的三圈宽花纹，穿插窄纹一圈。上衣可盖住腰部，因此腰部筒裙纹样简单，只有窄横纹。

其次，讲究整体搭配。比如，筒裙图案精美，与少装饰的上衣互补配搭。又比如，上衣前胸部位无刺绣，深色底布就可衬托盛装饰物，加强闪亮效果。

而且，分割线变成装饰线。比如上衣裁片的分割线，多绣有彩色网格图案，或补缀花边。

第二节　各支系女子传统服装形制比较分析

由于地域环境、生活习俗的不同，各方言黎族服饰造型也有一定差异。不管是款式结构，还是装饰纹样，都各有特色（表6-1）。

表6-1　黎族各方言女子典型传统服饰整体造型对比

	整体着装效果	整体平面图	服装形制	服装特点
哈方言			黑色无领对襟上衣＋及膝筒裙	上衣下摆，前长后短
杞方言			黑色无领对襟上衣＋肚兜＋及膝筒裙	袖口白色拼接，衣身包白色边
润方言			黑色贯头上衣＋超短筒裙	衣身前后一模一样，裙子短至大腿中部

	整体着装效果	整体平面图	服装形制	服装特点
美孚方言			黑色直领对襟上衣+及踝长筒裙	绷染纹样长筒裙，衣身肩背部加过肩设计
赛方言			绿色立领偏襟上衣+及踝筒裙	衣身全身无花纹，只做包边工艺，长筒裙下摆和裙中织花

〔注：整体着装效果图栏中，赛方言图片来源于《黎族传统织锦》（符桂花主编），其余方言图片来源于《中国黎族》（王学萍编著）；整体平面图栏中的所有图片来源于笔者拍摄，实物来源来自三亚市民俗博物馆〕

第三节　女子传统上衣造型及装饰特点分析

　　黎族服饰与体型、族系关系、自然资源、生产生活方式及地方性知识有关，也与信仰、审美偏好等人文因素有关，这既形成了黎族服饰特色，也导致了黎族各方言服饰特点。比如，无纽系带可减少服装束缚，方便生产与生活。

　　黎族女子上衣一般是直身型下摆，侧面开衩，前长后短，无纽系带，滚边饰线。

　　各方言差异方面，润方言女子上衣造型是贯头衣，而哈、杞、美孚都是H型对襟造型，可衣身、领和袖等部位结构与装饰又各有不同。哈方言是直领，杞方言是挖圆领，美孚方言是装直领。

虽然同一方言又分不同土语，上衣造型特点各有细微差异，但同一方言还是有共性，而与其他方言区有明显差异。

一、哈方言女子上衣造型结构分析

哈黎女子上衣宽大，袖长过肘，无领，对襟无纽，腰下两边开衩。色彩基调为黑色，对襟与衣下摆边沿绣有红白黄绿等色几何纹样点缀，领沿红布镶边或绣花边，对襟以红色短布条或绳线系之。

研究案例：哈方言女子对襟上衣，三亚民俗博物馆藏品实物（图6-1）。此上衣为20世纪初的一件数纱绣对襟上衣。该上衣为素色平纹棉质面料，织纹平整细腻，挺括有型，通身为纯手工缝制完成，手工线迹工整精细。以黑为底色，前襟和后背下端用红白绿三色线绣成组合几何纹样。领口、前襟、袖口和衣侧开衩处，用0.8cm左右宽的红色机织布包边，美观而又耐用。自成一种黎家风格。

图6-1 哈黎妇女传统上衣实物图

（图片来源：笔者拍摄，实物来源三亚民间收藏家张树臣先生）

从造型方面看，此上衣体现了南方少数民族上衣的共性：对襟、肩袖平直、衣身宽大。但受黎锦幅宽（27～35cm）与长度制约，袖子与下摆拼接成长方形，非常规则，也是黎族服饰结构的一个独特之处。拼接法也不全雷同，或直接缝合，或用一字型图案盖住拼缝，或绣成"W"形纹样装饰。

此上衣无领对襟，无扣系带，比贯头式稍有进步。前后衣长不等，前长56cm，后衣长52cm长及臀部（图6-2）。着装后，颈周皱起，导致前襟上提，前长后短即可保证穿着效果上前后下摆大体是平齐的。

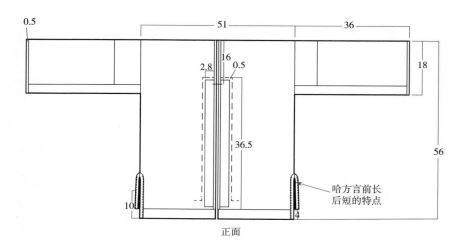

正面

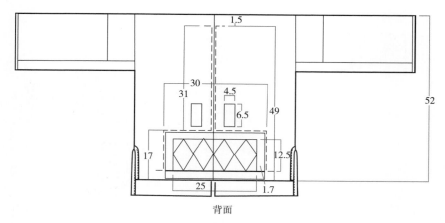

背面

图6-2 哈黎妇女传统上衣款式图（单位：cm）

从结构方面看，该上衣是平面裁剪的半成型结构（图6-3）。以前后中心线为轴，肩袖线水平连裁，十字形结构，并且是直线裁剪，形成简单概括人体的造型。

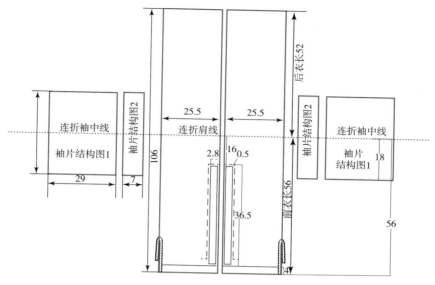

图6-3 哈方言女子传统上衣平面结构图（单位：cm）

该上衣袖长为36cm，及手踝；胸围与下摆同宽51cm，衣侧开衩。

该上衣非常方便，适合劳作时穿着，是哈方言女子传统服装的典型样式。

二、杞方言女子上衣造型结构分析

杞黎女子传统上衣是圆领或无领，对襟无纽系带，长袖，直身型下摆，侧面无衩。底色为黑或深蓝，肚兜或黑或白搭于内。衣襟左右对排各五个圆形和五个条形银纽装饰。对襟系拢时，银纽并成一线。

研究案例：杞方言女子对襟上衣，三亚民俗博物馆藏品实物（图6-4）。此上衣为20世纪初的一件对襟上衣。机织棉质面料，纯手工缝制，线迹工整精细。黑为底色，装饰图案与线条都用红白两色线绣成。衣前下端装饰称为"袋花"，衣后下端装饰称为"腰花"。后片正中的长柱形纹样是族系标志，也称"祖宗纹"。袖口各拼接两段白色布。衣襟、下摆、袖缝和衣侧缝都用白布包细边。袖缝旁边绣有长条红色纹样，绕以白色虚线。为通风散热，腋下留一小口未缝合。

图6-4　杞方言女子传统上衣实物图

（图片来源：笔者拍摄，实物来源三亚民间收藏家张树臣先生）

从造型方面看，此上衣同样体现了南方少数民族上衣的共性：对襟、肩袖平直、衣身宽大。由于改用现代机织棉布，因此不受传统幅宽的限制，衣身后中不破开。

此上衣圆领对襟。衣身的前后片为整块布，前后片等长为60cm（图6-5、图6-6）。袖长46cm，及于手踝。下摆与胸围同宽43cm，衣侧不开衩。前片的袋花左右不对称，后片的腰花高23cm。绣的纹样在不同地域有差异。

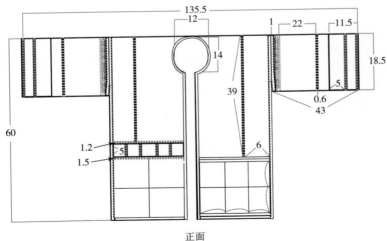

正面

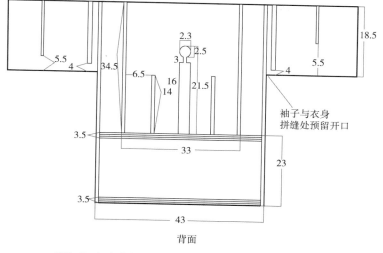

图6-5　杞方言女子传统上衣前后面测绘图（单位：cm）

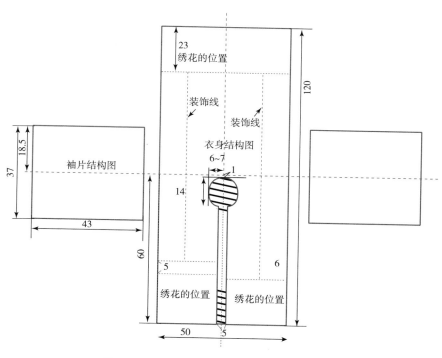

图6-6　杞方言女子上衣平面结构图（单位：cm）

三、润方言女子上衣造型结构分析

润黎女子上衣为典型的古老贯头衣样式。衣身主体是由一块整幅素织面料从正中央剪开一条直缝，并用红色面料进行包边处理，穿着时由头从这条缝中套入，前后结构完全相同，比较讲究的则在领口周围配上手工刺绣图案。

研究案例：润方言女子套头上衣，三亚民俗博物馆藏品实物，年代为20世纪初（图6-7）。此上衣为素色平纹棉质面料，平纹织物，胸围比较宽大，而衣长则比较短，通身为纯手工缝制完成。手工线迹工整精细。此上衣为蓝色底，在领口、袖口和下摆处都有手工刺绣图案，特别是下摆的侧面，是经典的润方言双面绣大力神纹样，领口用红色的机织布包0.8cm左右宽的边，鲜明醒目，并用白、红双色线织绣成波浪形纹样作为领部的点缀，让领子显得更加精美、别致。

图6-7　润方言女子传统上衣实物图

（图片来源：笔者拍摄，实物来源三亚民间收藏家张树臣先生）

整件上衣由7块大小不同的长方形面料组合而成，在拼接处做波浪形或一字形刺绣点缀，既美观大方又牢固耐用。此上衣衣长为55.5cm，通袖总长度为31.5×2+30=93cm，袖口刺绣宽为5cm，衣服的半胸围是30+15×2=60cm，其余细部尺寸如平面测绘图所示（图6-8）。

从具体结构尺寸上来讲，此上衣的衣身为一块长约110cm、宽约30cm的素织布，通过前后对称对折的方式，构成贯头衣的前后身；两块长约31cm、宽约35cm的素织布通过宽度对称对折的方式与前后身相连接形成袖子；由两块宽约30cm、长约19.5cm的素织布通过宽度对称对折的方式连接在衣身两侧

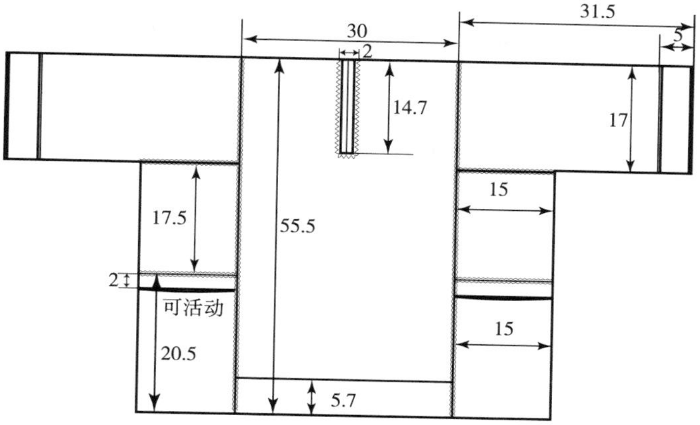

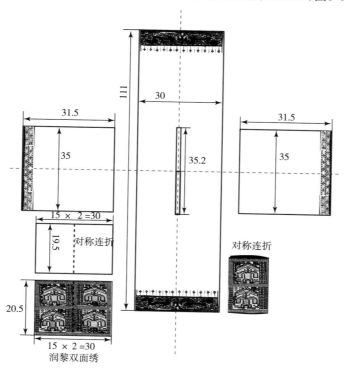

图6-8　润方言女子传统上衣平面测绘图（前后相同，笔者绘制，单位：cm）

的上端；其左右侧片的下端是由两块在素织布上绣上精美的黎族双面绣面料

组成，其宽度和左右侧片上端的面料的宽度等长，都为30cm，高度为20.5cm；

此上衣的领子挖一字型领口结构，领口的前后总长为35.2cm（图6-9）。

图6-9　润方言女子传统上衣平面结构图（单位：cm）

从以上结构展开图的数据中可以发现，组成上衣的 7 块主体结构的宽度大致均在28~35cm，这与他们的纺织工具腰织机的受限宽度尺寸是吻合的，同样做到了面料利用的最大化，合理地节约了用料。

四、美孚方言女子上衣造型结构分析

美孚黎女子上衣底色一般为深蓝、黑，有领、对襟，无纽扣，穿着时对襟并拢系绳固定。胸围与下摆基本同款，衣身整体呈直身造型。同样保持上衣下裙的服装形制，直身型下摆，侧面无衩。衣身两侧的缝口和袖边是用白色缝制，领子和侧缝下摆处拼接不同颜色的布料。领子是缝上的一整条方形布，后领下方有一块叠缝的方形布。全手工制作，素织，材质为棉。宽大对襟、无纽系带的结构宽松结实，方便生产劳动。

研究案例：美孚方言女子对襟上衣，三亚民俗博物馆藏品实物，年代为20世纪初。该上衣为素织棉质面料，织纹平整细腻，挺括有型，通身为纯手工缝制完成。手工线迹工整精细。此上衣为黎族人们特别喜爱的黑色地，在衣身袖口和衣身侧片缝合出贴有1.5~2cm宽的白色素织布，领口用约8.5cm宽的红色素织布拼接成领子，鲜明醒目，用约1cm宽白、红、蓝三色线素织长条布层叠在领口四周和下摆红白二色拼接处拼贴成装饰线，形成了美孚方言传统服饰的特色语言和标志（图6-10）。

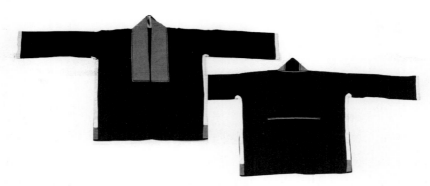

图6-10　美孚方言女子传统上衣实物图
（图片来源：笔者拍摄，实物来源三亚民间收藏家张树臣先生）

此上衣长为55cm，袖长38cm，袖口白色包边宽为1.5cm，衣服的半胸围是53.5cm，其余细部尺寸如平面测绘图6-11所示。

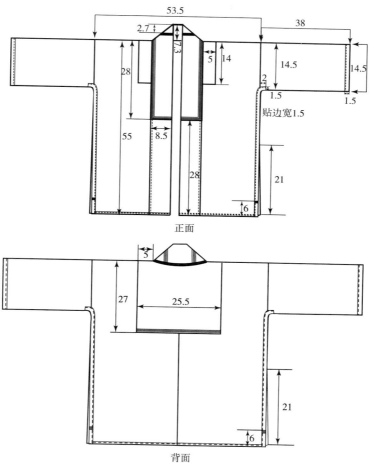

图6-11 美孚方言女子传统上衣平面测绘图（单位：cm）

从其传统上衣平面测绘图中不难看出，此上衣的前后衣身分别由两块长约110cm、宽约27cm的素织布拼接并对称对折而成；其两个袖子也是分别由两块长约38cm、宽约29cm的素织布通过宽度对称对折的方式与前后身相连接形成袖子；由一块宽约25.5cm、长约（14+17）cm的素织布通过挖领的方式连接在衣身的装领外领圈周围。

从平面结构图图6–12与图6–13中可知，此测绘上衣的横领宽为15~16cm，它受到装领的领面宽度的影响，而装领的长度则不受限制，一般是有制作者根据自己的喜好来决定。衣身侧缝缝合处用约1.5cm宽的红白二色棉布在离下

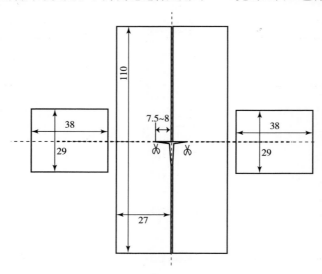

图6-12　美孚方言女子传统上衣平面结构图（单位：cm）

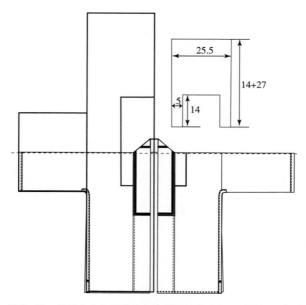

图6-13　美孚方言女子传统上衣平面结构分解图（单位：cm）

摆6cm的位置进行拼色、包边，巧妙地把缝边隐藏在了里面，并在两边留有21cm的高衩，另外，其肩背部的过肩结构设计为美孚黎所特有。

五、赛方言女子上衣造型结构分析

相对其他支系，赛黎地理位置较靠外，交通也更便利，与汉族人交往也更多，所以赛黎女子的上衣样式受汉族服装影响也较大。赛黎女子早期传统上衣为对襟形式（20世纪40年代以前），后期为偏襟形式。现在普遍为立领、偏襟右衽、系以盘扣、饰以滚边。裁剪时，根据穿着人的胖瘦差异，适度变化腋下的肥度。偏襟上衣面料起初为从汉区购置的土布，也就是手工织造的棉布，后来采用化纤面料，颜色也多样，再后来还用图案面料。其中老年多采用黑颜色面料，没有滚边装饰，风格朴素庄重。年轻女子上衣多采用蓝、绿、粉红等亮丽的面料，并且使用红或白色布滚边。由于海南岛天气常年炎热，为利于通风散热，通常不系上衣第一粒纽扣，只在婚礼、节庆等隆重场合才系上全部盘扣。

赛黎女子筒裙比较长而宽，分为裙头、裙身带、裙身以及裙尾。又分日常筒裙与盛装筒裙。

研究案例：赛方言女子对襟上衣，五指山省民族研究所收藏实物，为20世纪初的一件蓝色偏襟上衣。该上衣为素色平纹织锦棉质面料，织纹平整细腻，挺括有型，衣身为机器缝制完成。线迹工整精细。此上衣为蓝地，采用红色机织布包窄边，宽约0.5cm，鲜亮醒目，透露出黎家人的朴素气质，而又不失细腻、大方（图6-14）。

赛黎女子传统上衣在款式结构上沿袭了中式裁剪的方法，采用立领，布纽扣，平肩式连裁袖，衣身侧缝开衩，下摆呈圆弧形（图6-15）。

因受到汉族服饰的影响，基本采用了汉族大襟衣的样式结构，前后连接，前后衣身中缝破开，该上衣前后衣长不等，前衣长51cm，后衣长53cm，后衣长比前衣长稍长2cm，衣长及臀部；侧面开高衩18cm到腰部，袖长为通袖长70cm，及手踝；胸围大小为46cm，衣身收腰处理，腰部尺寸为41cm，下摆宽49cm。可见，此上衣非常方便，并适合劳作时穿着。

图6-14　赛方言女子传统上衣实物图

（图片来源：笔者拍摄，实物来源五指山省民族研究所）

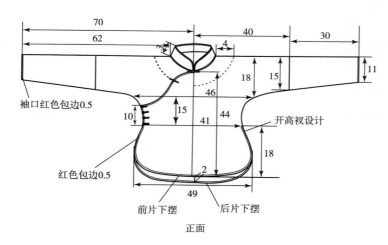

正面

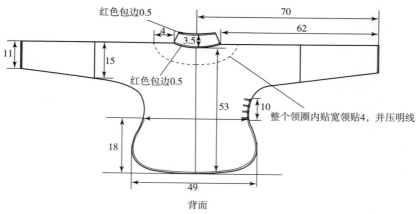

背面

图6-15　赛方言女子传统上衣款式图（单位：cm）

　　从结构上来讲，该上衣前后衣身连接属于典型的"十"字形结构，袖子采用拼接处理是因为布幅宽的限制而采取的一种方式（图6-16～图6-18）。

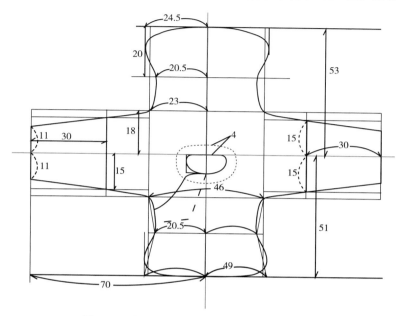

图6-16　赛方言女子上衣平面结构图（单位：cm）

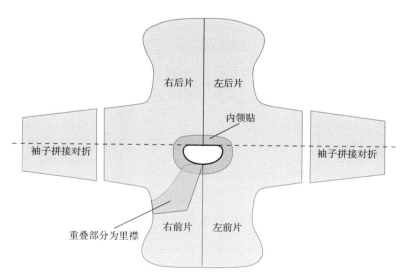

图6-17　赛方言女子上衣结构部件拼合示意图

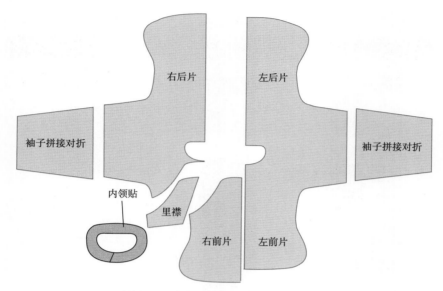

图6-18　赛方言女子上衣结构分解示意图

第四节　各方言女子传统上衣结构对比分析

本节分别通过上衣的款式造型对比、服装尺寸对比和服装结构对比的角度梳理论述，结合具体的服装款式，分析黎族各方言女子传统服饰的特点和文化内涵。

一、款式造型对比

造型以基本结构为基础，服饰整体风格与局部关联密切。要对黎族女子传统服饰进行深入研究，就应该针对各方言的女上衣和筒裙进行局部结构分析（表6-2）。

表6-2　各方言女子传统上衣造型特点对比

	上衣（正面图）	上衣（背面图）	造型特点
哈方言			整体造型为H型，直领对襟，装饰纹样为菱形骨骼，袖口、门襟、下摆及后中用红色包边装饰，装饰重点在后中，数纱绣工艺
杞方言	此处预留4~5cm 活动开口不缝合	此处预留4~5cm 活动开口不缝合	整体造型为H型，挖圆领对襟，有特别的族徽标志，袖口、门襟、下摆及后中用白色包边装饰，织绣结合，牵绣工艺
润方言			整体造型为H型，挖直领，贯头衣形制，前后相同，袖口、下摆及侧片用双面绣装饰，多用大力神和龙纹
美孚方言			整体造型为H型，直领对襟，肩背部有过肩设计，侧片用2cm宽白色和红色包边装饰，领口及侧片下摆用贴布叠绣工艺
赛方言			整体造型为X型，装立领，偏襟结构，全身无纹样装饰，袖口、门襟、下摆及领口用红色包边装饰

（图片来源：根据实物还原绘制的矢量图）

　　织造黎锦的传统工具就是较原始的踞腰织机，也称腰机（图6-19、图6-20）。因为腰机携带方便，所以黎族妇女往往机不离身，各种劳作之余都可席地而坐，抽空织锦。

　　黎锦幅宽被腰机与双脚张开宽度限制，通常在27~32cm，全长约2.2m。因此上衣胸围也就在50~58cm，上衣长度则可以根据身高灵活确定。一件上衣的用料通常约为两条织锦，可以做到完全不浪费。这种因物取用、物尽其

图6-19　黎族传统腰织机工具　　　　图6-20　织锦的杞方言黎族阿婆

用的文化传统与经济水平有关，但更是一种民族生存智慧，是黎族辉煌服饰文化创造的原动力。

二、服装尺寸对比

服装规格是服装结构制图的依据，而服装最终是为人们的穿着服务的，因此服装规格源自于人的体型，基于平均值的中间体加控制量变化而来。身高和三围是人体体型的基本尺寸，也是服装为人体服务的基本控制部位（表6-3）。

表6-3　中国女装5.4系列A体型规格表（单位：cm）

项目	身高	胸围	腰围	臀围	颈围	上臂围	腕围	全臂长	臂根围	头围	前长	掌围	背长
155/80A	155	80	64	86.4	32.8/36	27	15.5	49	37	55	39	19.5	37
160/84A	160	84	68	90	33.6/37	29	16	50.5	38	56	40	20	37
165/88A	165	88	72	93.6	34.4/38	31	16.5	52	39	57	41	20.5	39

［数据来源：国家标准GB/T 1335.2—97服装号型（女子）］

表6-4　黎族各方言支系上衣成品尺寸表（单位：cm）

项目	衣长	胸围	肩宽	袖长	袖肥	下摆	袖口	衩高
哈方言	56	51	51	36	18	51	18	10
杞方言	60	43	43	46	18.5	43	18.5	0
润方言	55.5	60	无明显位置	31.5	17	60	17	0
美孚方言	55	53.5	53.5	38	14.5	53.5	14.5	21
赛方言	51	46	无明显位置	70（含肩宽）	18	49	11	20

（尺寸来源：收藏实物测量）

　　通过表6-4的数据显示可以看出，对于衣服的长度来说，除了杞方言60cm之外，哈、润和美孚方言的几乎是等长的，由于润方言的服装形制为贯头衣样式，所以在表中可以明显地看出润方言的胸围为60cm，较其他几个方言支系来说要大很多，这也是因为贯头衣的穿脱方式所决定的，哈方言与美孚方言支系都是前中开口对襟结构，所以表现出胸围的尺寸就相差不是很大，而杞方言虽然也是对襟结构，但是因为其上衣前中挖去约5cm的尺寸，配合内搭的肚兜而穿，平时穿着基本属于敞开状态，所以以胸围的宽度较其他几个支系都小，为43cm。但是这四个方言支系的衣长和胸围比例整体都呈长方形（H型），而赛方言则与其他几个方言支系不同，衣服的整体呈X收腰造型。从上衣的袖子来看，杞方言的袖子最长为46cm，润方言的袖子因为其落肩造型所以袖子的长度只有31.5cm，而对于袖子的肥度来说，最大的为杞方言的18.5cm。

三、服装结构对比

　　服装的结构即其各部分的接合关系，也是联系造型和工艺的纽带，主要由服装的造型与功能决定。

表6-5　五个方言支系的典型上衣结构图对比（单位：cm）

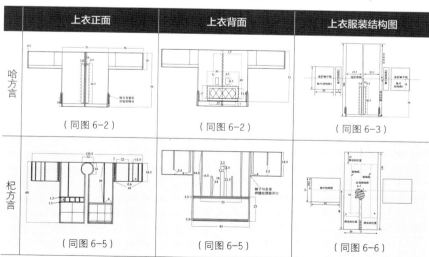

上衣正面	上衣背面	上衣服装结构图
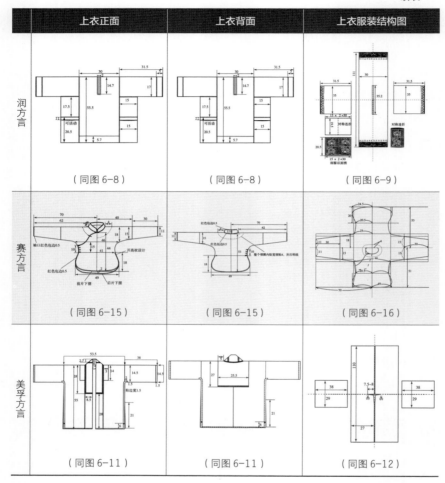		
（同图 6-8）	（同图 6-8）	（同图 6-9）
（同图 6-15）	（同图 6-15）	（同图 6-16）
（同图 6-11）	（同图 6-11）	（同图 6-12）

润方言 / 赛方言 / 美孚方言

从五件上衣的结构图中可以看出，五件上衣的平面展开后均呈典型的"十字型"平面结构。素织布的幅宽不够衣身宽，因此五个黎族支系都采用前后中破缝结构。

在这五个方言支系的女子上衣中，除了赛方言为中式连肩袖结构外，其余四个方言支系的上衣均为装袖结构，而接袖的位置则各有不同。特别是对于润方言的贯头形上衣来说，其袖子的接缝的位置在距离肩端较远而更加靠近颈部的位置进行拼接，缩短了肩部的视觉宽度。而哈、杞和美孚方言支系的女子上衣的接袖的位置则均与胸围同宽，明确了衣身和袖子互为独立的结构概念；而赛方言女子上衣的袖子结构则沿用了传统中式服装肩袖连裁的方法，模糊了肩袖的位置。

从测绘和平面结构图中可以看出，除了赛方言女子上衣外，其他四个方言支系的上衣下摆都是与肩同宽的结构，直线裁剪手法，面料利用率高。

第五节　各方言女子传统筒裙的造型及结构特点对比分析

黎族女子传统服饰一般分为上衣下裙和配饰三个部分，下裙无褶无省，因其上下宽窄相同形状似筒，所以被称之为筒裙。

黎族女子的筒裙通常包括裙头、裙身带、裙身和裙尾。纹样精美、色彩鲜艳、古朴大方。其面料主要采用自织的黎锦，也有单面绣或双面绣工艺。黎锦织线主要用麻线或棉线，使用天然植物染料染成黑、蓝、红、黄、青等色彩。织布时，通常席地而坐，使用腰织机来提经打纬，或加上绣工，形成多彩的人物、动植物或几何纹样。不同方言区域的黎锦，在色彩配置和纹样风格上有很大差异。

一、各方言支系筒裙的造型及结构对比分析

黎族女子的筒裙大多是四幅布接合做成，也有的支系不是四幅，所以各个方言支系的裙子长度各不相同，短裙更适合山区行走与跑跳，中裙裙长及于膝盖与脚踝之间，长裙及踝。比如润方言的就短到只能遮住臀部，而美孚方言的筒裙则长到脚踝（表6-6）。

表6-6　黎族各方言支系女子筒裙造型与结构特征对比（单位：cm）

项目	筒裙样式	平面测绘图	基本特征
润方言		36 / 11 / 30 / 裙身 / 裙尾	超短筒裙，裙长及大腿中部，由三幅织锦相拼缝制而成，多为几何纹样，把整块布料分成许多方格，在方格里织人纹、蛙纹、龙纹、牛纹或鱼纹，裙头纹样简单些，裙尾的花纹丰富精致，且颜色鲜艳夺目
哈方言		39 / 39 / 裙头 / 裙身	短筒裙，裙长不及膝部，由两幅织锦相拼缝制而成，多以纵条纹为基本骨架排列的小几何纹，色彩搭配偏于沉稳。不同的土语裙子长短不一，既有短筒（罗活），也有中筒（抱由抱漫）和长筒（抱怀和哈应）
杞方言		35 / 10 裙头 / 裙腰 / 7 裙身带 / 58 / 裙身 / 37	中筒裙，裙长及膝部，由四幅织锦相拼缝制而成，以人形纹图案为主、动物纹样为辅，也有一些植物纹，色彩十分鲜艳。采用"牵"绣工艺突出图案的重点部位
美孚方言		58 / 16 裙下（裙头）/ 16 裙二 / 13 裙眼 / 89 / 17 裙花 / 27 裙头（裙尾）/ 60	长筒裙，裙长及脚踝，比其他方言的裙子都长，由五幅织锦相拼缝制而成。这五幅中只有裙花是用纯色线织成，其他四幅则是采用美孚黎特有的绞缬染色工艺织成纹样
赛方言		62 / 76 / 裙身 / 7 裙尾	筒裙长而宽，裙子长度长过膝盖，从腰向下四分之三的部分全部是用黑色自织棉布，此裙有裙头和裙尾两部分缝制而成，（一般由四幅组成，裙头和裙身都是黑色棉布，中间配上裙身带），喜欢镶入云母片或蚌壳，织锦纹样大多为人、蛙纹也有植物纹，结构较为复杂，色彩非常丰富

（筒裙样式图片来源：实物来源于三亚民间收藏家张树臣先生）

二、各方言支系筒裙规格尺寸对比分析

黎族女子筒裙的规格在各支系之间有一定的差异（表6-7）。哈黎筒裙有三种不同长度，长筒、短筒和中筒。润黎筒裙则最小最短。从表6-7中5个方言支系特点的筒裙结构和尺寸对比来看，长筒裙都比较宽而大，如美孚黎方言和赛方言长筒裙它们的裙宽就分别是58cm和62cm；而短筒裙则短而小，如润方言短筒裙长30cm，而它的裙宽则只有36cm，这也反映了黎族先人们的自觉的审美意识和观念，虽然不知道现代的形式美设计法则，但实际应用中他们却在不自觉地遵循比例原则。

表6-7　各方言支系筒裙规格尺寸（单位：cm）

项目	哈方言	杞方言	润方言	美孚方言	赛方言
裙长	39	58	30	89	76
裙宽（1/2围度）	39	35	36	58	62

（数据来源：笔者根据实物测量而得）

第七章

黎族女子传统服饰色彩、图案与工艺研究

第一节　各支系女子传统服饰色彩

黎族通常先染纱线再用腰机织成布匹，也有先织后染的，不会以纯白棉布制作衣服。随着现代科技推广，民间古老的染色技艺正逐渐消失，现在我国民间只有黎族还在实际使用多种天然原料用于服饰染色。

黎族传统服饰以黑或棕色为基调，辅以蓝、青、橙、黄、白、红等色，织出的面料色彩斑斓。

一、黎族传统染色

黎族传统染料是常见的野生植物的浆液，也有家种的，以特殊矿物、灶灰或者泥土作为辅助，染色效果浓郁、耐久。

（一）黎族常用的染色材料

黎族女子传统服饰大多用植物染色，较少使用动物、矿物染色。

海南植被繁茂，黎族聚居的热带雨林地区，有着有许多天然的矿物颜料和草木染料（表7-1，图7-1～图7-6）。其中只有靛蓝类植物可以人工栽培。

表7-1 黎族妇女常用的染色植物

颜色	染色植物	利用部位	使用说明
蓝色	假蓝靛	叶	整株浸泡发酵
黄色	黄姜	茎	捣碎取汁
红色	苏木	树心	切成小段煮汁
绿色	谷木树叶	树叶	捣碎取汁
咖啡色	野板栗树	树皮	剥取的树皮晒干切成小段放进锅里煮
褐、黑色	乌墨树	树皮	剥取的树皮晒干切成小段放进锅里煮
红色	文昌锥树	树皮	剥取的树皮晒干切成小段放进锅里煮
黑色	乌桕树	叶子	捣碎取汁

图7-1 苏木

图7-2 成才后的苏木树心

图7-3 谷木树叶

图7-4 染色用黄姜

图7-5 假蓝靛

图7-6 野板栗树皮

动物血液比如猪血与狗血也可用于调配染色。为改善染料的黏度与色牢度，通常加入牛皮熬成的胶液。

（二）黎族常用的染色工具

黎族服饰的染色器具主要是石器与陶器以及木制品、竹制品。煮染器有三石灶、陶锅、陶缸等，现在也用市场上购置的钢精锅了，搅染棒通常是竹制，它们的特点是取材方便，制作简单，也不影响颜色。所谓三石灶，即三块石制品搭起来的简易灶，通常临时搭设（图7-7）。

图7-7　黎族常用的染色用具

搅染棒的用途是搅拌棉纱，煮染料的燃料也通常是山上的树枝或竹子。捣制植物原材料的容器主要是石臼与木臼（图7-8～图7-10）。

图7-8　木臼　　　　　图7-9　木臼和木棍　　　图7-10　被捣碎的黄姜渣

（三）黎族常用的染色媒染剂

黎族妇女通过长期的染色实践总结，发现了一些特别的煤染剂，也都是方便取用的，比如草木灰、螺壳灰和酒（图7-11）。

草木灰和螺壳灰中含有一些金属元素，其中部分有染媒作用。酒也能改善色彩，还能改善染料的渗透性，提高染色浓度和色牢度，并且让纱线更加结实耐用（图7-12、图7-13）。

图7-11　做染媒的螺壳

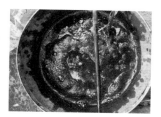

图7-12　假蓝靛染料

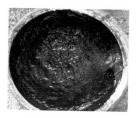

图7-13　假蓝靛染膏

（四）植物染料的染色工序

黎族染色技艺通常是母女或姐妹之间亲自言传身教，从采集、制作染料，再到入染，以及多次染色、色度的把握，是一门复杂的技艺，凝聚了黎族女性的智慧与钻研（图7-14、图7-15）。

图7-14　染色技艺传授

图7-15　染好的五彩纱线

先将染色原料切碎捣烂，放进染缸用两倍的清水浸泡一周左右。

再把相应量的螺壳灰与草木灰同一定量的水调和并且滤出渣质，加到染液里，搅拌至均匀。

发酵一周左右，用粗布滤出渣质，就可用于染线了（图7-16）。

要想达到比较满意的染色效果，必须经过几个周期的浸泡、拍打、搓揉、晾晒。次数与周期长短同原料优劣及天气阴晴相关。

染绿 　　　　　　　 染红 　　　　　　　 染黄

图7-16　染线

（五）独特的美孚黎绞缬染

美孚黎还有一种比较古老的染色方法，通常叫作绞缬染，是美孚黎特有的一种扎染工艺。通常由整经—扎花—取下染色—拆花—上腰织机—织纬这几个阶段组成，在我国其他各民族中是独一无二的（图7-17）。

在美孚方言区，每家每户都有专门的自制的扎染架。它们的制作非常简单，通常是就地取材，根据家庭的经济情况则材质也不相同，有铁的、木的，还有竹制的，但都是呈长方形，它们长约2m，在其左右两边各15cm、28cm处固定4根竖棍，每根60～70cm。

图7-17　美孚方言黎锦织娘在扎染架上整经

美孚妇女们把整理好的纱线作为经线，并把它们在扎经架的两端固定好，接着在经线上扎出自己想要的图案，但黎族妇女的扎染不需描样，图案花纹已尽在她们心中。扎制的图形多为几何纹样。在扎花时一般是用青色或褐色棉线来扎，扎线必须结实，绑扎时才不易拉断，既要牢固又要方便拆线。所以扎花在扎染中起着关键性的作用，这直接影响扎染效果的好坏（图7-18）。

扎花结束后，把扎好的经线放到事先发酵好的靛蓝染缸内或煮好的染色锅中染色，经过一遍遍地染色与晒干，直到达到自己想要的颜色和均匀度要求为止（图7-19）。

再把染好的经线安装在绞缬架上，将绞线剔除（图7-20）。于是在经线上就出现了预先扎好蓝底白花的图案。然后再安装到踞腰织机上，织上纬线，于是就制作出了一件精致的艺术品（图7-21、图7-22）。

正在扎花的黎族阿婆　　　　　　　　扎花　　　　　定经效果

图7-18　扎花工艺

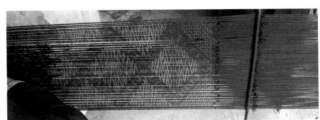

图7-19　染好的经线　　　图7-20　拆花（用刀片将染好经线的扎花结割断）

图7-21　在拆好的经线　　　图7-22　形成扎染黎锦
　　　　　上腰机织纬线

二、黎族女子传统服饰色彩

视觉最先注意的往往是色彩，对色彩的兴趣最终演变成了人类的色彩审美意识，在装饰美化生活中起重要作用。

色彩是服装设计的三要素之一，也是服饰最引人注意的要素，色相、明暗、饱和度的不同组合表达着不同的思想情感等象征意义。

不同民族的色彩象征意义，与生存环境、信仰文化、重大历史事件等有关，是慢慢约定俗成与演进的传统文化，属于非语言类符号。

海南黎族的先民相信万物有灵，他们觉得一切自然物、自然现象、动物、植物和人类都是具有灵魂的，而这些灵魂所包含的色彩同样也被赋予上了相应的情感。黎族传统服饰色彩是丰富的，但是，每一个方言支系对色彩的选择又会稍微有所不同。从大量的测绘实物色彩上分析，黎族服饰色彩主要偏重黑色、蓝色、红色、黄色、绿色、白色等，比较少用紫色，没有特别的禁忌颜色。综合五个方言支系的传统服饰来看，在色彩的运用方面都喜用明度和饱和度较高的颜色。

三、黎族五大方言区的服饰配色习惯

图7-23中，哈黎女子服装的上衣基本是黑、藏蓝及褐色为底，传统服装的衣领、袖口及下摆边沿有蓝色花边，下身的筒裙一般会用红黄白等植物染色线织、绣精美的纹样，系上带白色珠子的五彩流苏，头上戴着两头绣着花的黑颜色的头巾。

杞方言女子服装颜色鲜艳，上衣喜欢采用红黄绿等颜色织成的花纹，前胸贴身穿的镶红色边的肚兜一般为黑色或白色，节日服装的女子上衣的背部还有用各色丝线绣成的祖先柱的图案（图7-24）。

润方言女子服装为没有开襟的贯头式上衣，用红色或蓝、白两色的珠子和绒线一层一层地镶在套头的位置，上衣和下身的筒裙喜欢采用红黄两色织绣成的大力神纹或者是蟒图案，在小腿的位置会绑黑色或者是深蓝色的绑带在腿上，常常在头上缠绕着红色的绒布（图7-25）。

图7-23　哈方言　　　　图7-24　杞方言　　　　图7-25　润方言

　　赛方言女子喜欢在她们的筒裙中加入各种颜色的蚌壳作为装饰，并且爱织绣红、黄、蓝、绿、紫等颜色的条形花纹，上衣的主体颜色比较多用蓝色或者黑色，会在衣服的领口、下摆等位置镶上红色或者白色边。年轻人都比较爱粉红、绿、黄等色彩较为鲜艳的颜色，年级大一点的妇女则喜欢穿黑色，就连头巾都是黑色的（图7-26）。

　　图7-27中，美孚方言女子的上衣的领边的颜色有白色、青色等，衣身的底色喜欢用深蓝色或黑色，前胸开襟的位置用红色的小绳来系，下身的长筒裙一般是采用绞缬染色染出的蓝白或黑白，年轻女子的筒裙喜欢在中间加上一副用红色或是色彩艳丽的织锦，她们喜欢在头上戴上黑白或者蓝白相间的宽条纹的头巾。

图7-26　赛方言　　　　　　　　　　　图7-27　美孚方言

四、色彩风格分析

　　黎族各支系女子的服饰比较喜欢用黑、蓝、褐、红、黄五个颜色来搭配，其中最为多见是黑色和深蓝色这两个颜色，紫、褐、粉作为搭配的颜色，再加上红、黄、绿、白等颜色组合在一起，呈现出色彩斑斓，诉说着黎族自己的审美语言与精神追求，以及闪烁着黎族特有的璀璨光芒和旺盛生命力。

黎族人以黑为贵。黑色，寓意吉祥、久远、庄肃，通常用作服饰底色。红色，寓意高贵、威严，被看作先人之色。白色，寓意洁净、纯粹，心灵美好、平安顺利。绿色，大地孕育之色，寓意生机、生命、生育。黄色，龙的颜色，寓意健美、活力和坚毅。织绣服饰纹样时，黄色搭配红、绿、白的组合寓意日子过得生龙活虎、平顺寿福。❶

黎族织物的色彩处理显示出阳刚美，它们的典型特征是色调鲜明、色相对比分明（图7-28）。就拿服装图案来说，黎族妇女喜欢用红、黄和绿这三种颜色作为主色调，而这三种颜色让人有鲜

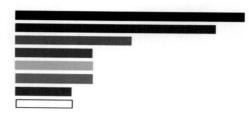

图7-28　黎族传统服饰色彩色相分析

明和肯定的感觉。色相对比包括明度、纯度和色性对比，它们都使整体构图意蕴感觉更加明确与清晰。所以说，黎族妇女具有先天的审美意识，她们在处理服饰图案的底和图的色彩关系时具有非常的敏感度，一般会用错开和对比的原则，常常会在比较亮图案的时候选择深的衣身底色，图案的颜色深时就会搭配相对较为亮的底色，在她们的生活实践中不知不觉地运用冷色和暖色搭配、艳色和灰色交织搭配等现代的艺术法则。

从五个方言支系服饰的色彩的色相、明度和纯度比例分析中，我们不难看出黑色调和蓝色调所占的比例是所有色彩中所占比例最多的，这主要是由于黎族五个方言支系中，除了赛方言以外的其余四个方言的服饰都喜欢用黑色或者蓝色作为上身衣身的底色，常常用五彩色线在大面积的黑色或是蓝色衣身底色上绣或者是织上黎族特色纹样，再或者是用白色的素织布在上衣的袖子上做拼接作为点缀。

从色彩的纯度上分析，黎族传统服饰色彩大多属于高纯度，占约50%，中

---

❶ 刘持勇. 寓意丰富的黎族色彩语言［J］. 装饰. 1994（3）.

纯度色彩所占比重约为33%，低纯度色彩所占比重在17%左右（图7-29）。

从色彩的明度上分析，黎族传统服饰色彩大多数属于明度适中，明度高的颜色和明度低的颜色所占比重则相对较少些（图7-30）。

图7-29 黎族传统服饰色彩纯度分析　　图7-30 黎族传统服饰色彩明度分析

从黎族的服饰色彩运用上我们不难看出黎族是一个多彩的民族，用色丰富，色彩明快，在他们传统服饰的装饰色块中我们很难找到单纯一种颜色，常常是几种不同的颜色混合运用在一起，但整体服饰效果却仍然可以让人在视觉上感觉到有清晰的主次搭配设计，这也可以说是黎族传统服饰色彩运用最大的特点，也是许多少数民族服饰颜色运用的共同特点（图7-31）。

虽然她们没有受过专业的配色训练，却对色彩有先天的感悟，她们似乎已经具有冷暖、动静方面的色彩观念，在这些勤劳智慧的黎族妇女心中，世

赛方言图案

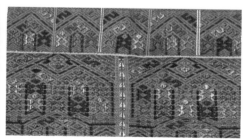

润方言图案

美孚方言图案

杞方言图案

图7-31 色彩斑斓的黎族各方言图案

代传袭的为她们所接受的配色在其心中是有美的尺度的，大胆和自由，不受政治和等级的限制，色彩运用是自由的，色谱也是非常丰富的，但各种性别、年龄也有一定差别。

第二节　各支系女子传统服饰图案特点

在漫长的人类历史进程中，一个民族要生存发展，必须有团结统一的社会秩序，必然需要通过各种方式来加强民族凝聚力与向心力。处在偏远海南的黎族先民们，尤其注重自己的民族"服饰语言"，服饰图案作为一种特殊的记忆符号，起着追根忆祖、记述生活的故事，沿袭传统、传承文化的作用。

一、主要题材

勤劳智慧的黎族妇女们擅于观察事物，结合丰富的想象，并采用夸张、简化等手法，用点线面这些基本要素，抽象简明而又不失变化地表现出种种事物的形态。黎族大部分传统纹样都源于妇女对自然和生活的借鉴和心理积淀，她们在长期的社会生活实践中不断地积累和创造，至今已有一百多种图案了。这些图案充分反映了她们对自己的生活、劳动及大自然的感悟和喜爱，是她们的审美心理、生活方式、文化风俗、敬畏信仰及艺术积淀等方面的综合体现。

（一）宇宙自然纹

有星辰、闪电、山川、白昼夜晚等，体现着黎族先祖们对大自然的敬畏。

（二）人形纹

人形纹是黎族图案中应用最多，其形态大多是正面形象。这是由于黎族观念里，天地间万物都是人创造的。在创世神话中，黎族始祖大力神（黎语发音袍隆扣），不但在黎族人参与下为黎族人在天地间开辟宜居的生存空间，去世之前为防天塌殃民，还用一巨掌撑起苍天，死后化为五指山。因此大力神是神也是人，不仅是创世神保护神，还承载着担当与开拓的人文精神。黎族各方言的许多人形纹样都是在大力神的基础上做出了一些变化，形成了各方言各自不同风格的人形图案（图7-32～图7-42）。

图7-32　润方言人形纹（大力神）1

图7-33　润方言人形纹（大力神）2

图7-34　赛方言人祖纹（早期）
（图片来源：《黎族传统织锦》，符桂花主编）

图7-35　赛方言织锦人形纹样
（图片来源：《黎族传统织锦》，符桂花主编）

图7-36　哈方言人形纹样1

图7-37　哈方言人形纹样2

图7-38　哈方言人形纹样3

图7-39　杞方言人形纹样1

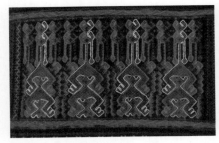

图7-40　杞方言人形纹样2

图7-41　杞方言人形纹样3

图7-42　美孚方言人形纹样

不同方言的人形纹其造型既有相似又有不同之处，其相似之处在于不论何种方言的人形纹其经典特征都是两个近似的菱形的几何纹样做纵向排列变化而成，不管是构成人体的上半身和下半身，或是头部和脚依然是用菱形来构图，整体构图全部都呈左右对称式。而不同处则在于因语言和生活环境的不同在图案的表现内容上略有区别，润方言喜欢用大力神的纹样表现对祖先的敬畏和崇拜，而哈方言喜欢表现一些婚礼的生活场景，杞方言喜欢在图案的四周加上独特的"牵"绣工艺，而美孚方言的人形纹则是用扎染方式来表现，而且多以和其他图案组合的形式出现。

（三）动物纹

依山傍水的海南岛是黎族人们的世居地，她们长期与各种动物和谐相处，动物成了他们生活中不可或缺的一部分。不管是在茂密的深山还是在平坦的平原地区，黎族的妇女们都爱把生活在树林里的鹿、鸟及其他动物，或是以江河中的鱼儿、溪水边的虾、池塘里的青蛙及田地间的鹭鸶等动物作为服装图案素材。它们造型简洁，都是以几何形式出现，智慧的黎族妇女们仅仅用几个块面或几根线条就能将动物的基本形态和特征抓住，她们对人与动物间的和谐自然之美有天生的感悟力，甚至赋予了动物以人的情感，所以使表现的动物图案更富有生命力。最为多见的是蛙纹、鱼纹、蝴蝶纹、鹿纹、马纹、猫纹、鸟纹、牛纹、螃蟹纹等，另外龟纹、羊纹、龙纹等也较为多见（图7-43～图7-56）。

图7-43　哈方言蛙纹
（图片来源：《黎族织贝珍品·衣裳艺术图腾百图集》，蔡於良主编）

图7-44　杞方言蛙纹
（图片来源：《黎族织贝珍品·衣裳艺术图腾百图集》，蔡於良主编）

图7-45　赛方言蛙纹
（图片来源：《黎族织贝珍品·衣裳艺术图腾百图集》，蔡於良主编）

图7-46 润方言鱼纹图案

（图片来源:《黎族织贝珍品·衣裳艺术图腾百图集》,蔡於良主编）

图7-47 润方言蝴蝶纹图案

（图片来源:《黎族织贝珍品·衣裳艺术图腾百图集》,蔡於良主编）

图7-48 润方言鹿纹图案

（图片来源:《黎族织贝珍品·衣裳艺术图腾百图集》,蔡於良主编）

图7-49 润方言马纹

（图片来源:《黎族织贝珍品·衣裳艺术图腾百图集》,蔡於良主编）

图7-50 哈方言猫纹

（图片来源:《黎族织贝珍品·衣裳艺术图腾百图集》,蔡於良主编）

图7-51 哈方言鹤纹

（图片来源:《黎族织贝珍品·衣裳艺术图腾百图集》,蔡於良主编）

图7-52 哈方言牛纹

（图片来源:《黎族织贝珍品·衣裳艺术图腾百图集》,蔡於良主编）

图7-53 美孚方言双鹿纹

图7-54 赛方言鸟纹

（图片来源:《黎族织贝珍品·衣裳艺术图腾百图集》,蔡於良主编）

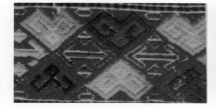

图7-55 赛方言羊纹

（图片来源:《黎族织贝珍品·衣裳艺术图腾百图集》,蔡於良主编）

图7-56 美孚方言龙纹

（四）植物纹

植物纹是黎族传统图案中经常运用到的图案，它一般不独立出现，而是常常与其他人纹或动物纹搭配组合成完整的图案（图7-57～图7-60）。海南岛的气候一年四季如春，热带丛林中花草树木等染料资源非常丰富，因此黎族的妇女们特别喜欢把生活中感受到的这些花草植物搬上自己的服饰中，变成了美丽的图案

图7-57　木棉花纹

图7-58　花草纹1

（图片来源：《黎族织贝珍品·衣裳艺术图腾百图集》，蔡於良主编）

图7-59　花草纹2

图7-60　木棉树纹与鹿纹

（图片来源：《黎族织贝珍品·衣裳艺术图腾百图集》，蔡於良主编）

（五）生活场景纹

在黎族传统服饰图案中，她们还把平时日常生产生活中的用具与场景作为纹样（图7-61～图7-64）。用具方面，不管是她们住的房子还是拉牛的耕具，抑或是被用来耕作的农田等，都可以成为妇女们的图案创作素材；它们造型简洁，也都是以几何形式出现。生活场景方面多是一些喜庆、欢乐、美好的场景。

图7-61　润方言屋纹

（图片来源：《黎族织贝珍品·衣裳艺术图腾百图集》，蔡於良主编）

图7-62　哈方言抬轿纹

图7-63　美孚方言摇篮纹

（图片来源：《黎族织贝珍品·衣裳艺术图腾百图集》，蔡於良主编）

图7-64　杞方言舂米纹

（六）汉字纹

黎族只有语言，没有文字，汉文化渗透到黎族文化中，产生了服饰中的汉字纹等影响印记（图7-65~图7-67）。

常见的有如"寿""万""福""喜""吉祥如意"等，吸收和沿用了汉族的图案的美好寓意，有的已经演化出黎族特色。

图7-65　万字纹

（图片来源：《黎族织贝珍品·衣裳艺术图腾百图集》，蔡於良主编）

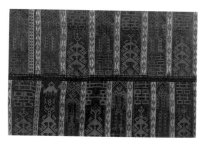

图7-66　双喜人纹

（图片来源：《黎族织贝珍品·衣裳艺术图腾百图集》，蔡於良主编）

图7-67　汉字纹

二、表现手法

黎族织锦图案一般是母子图案结构（图7-68）。子体图案小，穿插在主体图案空白处。整幅看，主次分明，构图严整。母体图案通常是人纹，子体图案多采用动植物等其他纹样，不仅体现了祖先崇拜的文化地位，也显示出重

图7-68　润方言丰收图

（图片来源：《黎族织贝珍品·衣裳艺术图腾百图集》，蔡於良主编）

人轻物的文化倾向。

图案底色通常为黑、深蓝，主色为红、白、黄、绿，相间成形，辅以棕、紫、咖啡、粉红，不仅有深浅对比，而且有调和色彩。

纺、织、染、绣都可用于形成图案。"纺"有错纱、配色、综线、攀花等图案手段；"织"有腰机的通经断纬提花法；"染"是纹纱染线、扎经染花，有美孚黎绞缬染；"绣"是运用彩色线在面料上通过刺绣手段做成各种图案，黎族织锦刺绣有单面绣和双面绣，最闻名要数润黎妇女的上衣双面绣工艺。

总的来说，"纺"是图案形成的基础，黎族传统图案的形成手法主要包括提花、扎经染花、绣花。

（一）提花

黎锦纺布工艺有素织与提花两种。平纹素织的工艺比较简单，经纬均是清一色的棉纱。提花，即多色经线与纬线交错而织就的彩色纹样（图7-69、图7-70）。各色的经线和纬线通过黎族妇女智慧的双手通过席地而坐的腰织机提经打纬和通经断纬，如此连续不断的操作，经线和纬线交错组成凹凸的花纹，就织出了精美的花纹图案。

图7-69　图案的提花工艺1　　　　　图7-70　图案的提花工艺2

（二）绣花

刺绣的工艺便是在织物上，以针引线，通过运针绣出各种纹样。黎族的刺绣工艺同时融了入色彩、图案及针法三个方面。与许多少数民族刺绣一样，黎族一般以棕色、黑色或白色的棉布为地，然后再用红、黄、绿、青、紫、棕、黑、白等色线绣出图案，艳丽多彩，虚实得体。图案多是信手绣出，施针严谨、针脚匀齐，常见的绣法有单面绣、双面绣和"牵绣"。

（1）单面绣：黎族妇女运用白线在蓝、青、紫、黑地（或相反）上的单色刺绣。在一块腰机织出的底料上，绣出单面图像，其针法通常采用传统的挑针法和铺针法，按经纬行格加入彩线。在黎锦筒裙上，通常采用单面绣的方法（图7-71、图7-72）。

图7-71 哈方言数纱绣1

图7-72 哈方言数纱绣2

（2）白沙双面绣：黎族白沙的双面绣最为著名，运用多种色线交绣而成，正反面对称，图案精细（图7-73、图7-74）。

图7-73 润方言双面绣1

图7-74 润方言双面绣2

图7-75 白沙润方言镶云母片连物绣筒裙图案

（3）连物绣：黎族妇女喜欢用连物绣的手法装饰头巾、上衣和筒裙。布料上绾绕饰物，线脚扣连鸟雀羽毛、金银箔、兽骨贝壳、云母片等（图7-75）。

（三）扎经染花

美孚黎的绞缬染色工艺图案
有其他工艺不可比拟的艺术效果，
色彩清新淡雅，色泽质朴自然，
通常是先扎经，然后再进行染色，
然后再取下扎好图案的经线进行
拆花处理，接着就把染好色的经

图7-76　美孚方言扎经染花工艺图案

线重新上腰织机再进行织纬步骤，它把扎、染、织三种工艺有机地结合在了
一起，最后形成独特的艺术效果（图7-76）。

三、纹样与构图风格分析

黎族传统服饰图案的构图风
格主要是菱形骨骼纹样（图7-77）。
以日常生活中物品为主要元素，通
过不同粗细的直线、平行线构成菱
形、三角形等几何图形，通常以二
方连续和四方连续为组织形式，用

图7-77　直线菱形构图的美孚方言蛙纹图案
（图片来源：《黎族织贝珍品·衣裳艺术图腾百图
集》，蔡於良主编）

抽象的形式表现人物、动物、植物、生活用具等纹样，富有绚丽的装饰美感和
浓郁的民族风格。表现手法多夸张、重构与简化，体现了黎族妇女们的意象表
达思维特征[1]。服饰图案的边缘线多为直线，少数是曲线，说明这不是因为织锦
工具与织锦方法的技术制约。

直边缘线给人硬朗和力量感，同大力神审美心理相符，甚至可以说，直
边缘线最能体现黎族传统审美。更有甚之，为了强化这种审美期待和感受，
有的图案边缘线还被做成刺状。

在黎族传统服装上，图案的装饰重点部位，主要在衣背、衣侧、袖子、

❶ 袁晓莉. 黎族造物意象形式：神秘性思维的集体表象［J］. 艺术百家. 2016（6）.

下摆及筒裙的腰、身、尾等部位，其次是美化缝线。黎族妇女在缝线上多以花边补缀，或以彩线在缝线上刺绣网格，将其美化起来，并获得醒目的装饰效果。最后，布局虚实相宜。图案装饰的位置对于整体织物而言，布局恰当，虚实有度。在润方言白沙女子的上衣上，绣花虽然主题满密，但只是用于装饰衣背、衣侧等几个部分，其他部位好似中国画的留白，使得整体的虚实对比更加强烈。虽然刺绣的布局与位置具有区分支系和信仰崇拜的功能，但各地女子因为胸前多饰银项圈、胸牌，所以上衣前胸无绣，以布料的深色将饰物衬托得更加闪闪发光。

第三节　各支系女子传统服饰工艺特点

黎族传统服饰的缝制基本上都是用手工完成的，它凝结着黎族先人们的细密心思和卓越的智慧；手工缝制也是传统民族服饰制作中非常重要的一个环节。通常它们的制作工艺主要是通过家庭"女红"的方式来完成的，因此手针工艺是民间服饰缝纫的基础工艺。

一、哈方言传统服饰工艺特点

哈方言女子在上衣的缝制中，喜欢用红色的棉布包边，特别是在上衣的后片，用红色棉布包缝后拼接在一起形成一道宽红线，并在左右用白色的棉线走线，在其他的绣花位置也用红白两色棉线走边，形成醒目的层次。在前门襟的位置喜欢用铜钱和白色珠子穿线制作成流苏作为装饰，下摆也喜爱系流苏和铜铃作为装饰，绣花工艺为数纱绣（图7-78～图7-80）。

图7-78 哈黎服饰工艺特点1　　　图7-79 哈黎服饰工艺特点2　　　图7-80 哈黎服饰装饰特点

二、杞方言传统服饰工艺特点

　　杞方言女子上衣喜欢用手缝针法对衣身的裁片四周用白色的棉布进行0.5~0.8cm的包边设计，衣身的制作均为手工完成，下摆边缘及后片用红色和白色线绣花，在袖子和衣身的拼接处常常会留一小口不进行缝合，衣服的侧缝和下摆处用手缝工艺和红白2色线进行"V"字绣花装（图7-81~图7-83）。

图7-81 杞黎服饰工艺特点1　　　图7-82 杞黎服饰工艺特点2　　　图7-83 杞黎服饰工艺特点3

三、润方言传统服饰工艺特点

　　润方言女子服饰的工艺特点主要表现在领口和衣身分割处用红色和白色线手工缝制完成的"W"型波浪装饰线，领口和下摆喜用红色棉布包0.8~1cm的边，在衣身的下摆和袖口及侧缝均为润方言的特色双面绣纹样（图7-84~图7-87）。

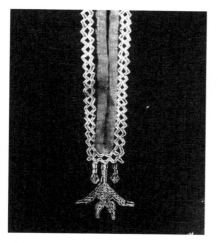

图7-84　润方言服饰工艺及装饰特点1

图7-85　润方言服饰工艺及装饰特点2

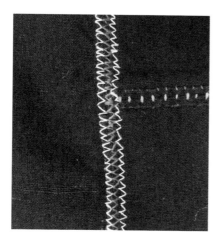

图7-86　润方言服饰工艺及装饰特点3

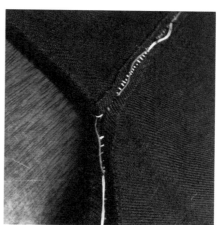

图7-87　润方言服饰工艺及装饰特点4

四、美孚方言传统服饰工艺特点

　　美孚黎的传统上衣的工艺特点主要表现为侧缝开衩设计，美孚黎妇女常常会在衣服的侧面开一长长的高衩，直到衣身的腰部，且喜欢在侧缝的拼接处用约2cm宽的白色棉布包边，形成非常醒目的装饰效果，有效拉长了穿着者的身姿。另外独特的红、白、蓝三色层叠相拼，在领子部位和侧缝下摆的下半截作为装饰的重点，形成美孚黎特有装饰工艺（图7-88～图7-90）。

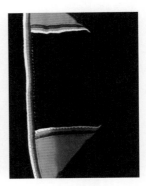

图7-88　美孚黎服饰工艺　　图7-89　美孚黎服饰工艺　　图7-90　美孚黎服饰工艺
　　　　　特点1　　　　　　　　　　　特点2　　　　　　　　　　　特点3

五、赛方言传统服饰工艺特点

赛方言女子传统上衣的工艺特点主要表现在对比色包边工艺上，在衣身的领口、大襟、小襟、下摆及侧缝处全部用红色棉布包0.8~1cm宽的边，在素色的衣身上形成醒目的边缘效果，增加了线条的流畅感。衣身用和包边同色的棉布盘扣设计（图7-91～图7-93）。

图7-91　领子部位工艺特点　　图7-92　大襟部位工　　图7-93　大襟部位工艺特点2
　　　　　　　　　　　　　　　　　　　艺特点1

第八章 黎族传统服饰时尚化设计尝试的总体导向

由于黎族服饰时尚市场还属于未来时事物，本书的设计实践案例都不是商业设计性质的定制设计或基于市场信息的成衣设计，但也不完全属于纯粹的概念设计，也就是把设计目标定位为引领黎族女子当下的民族风格服饰时尚的创生，力图使之具有在成衣市场中成功的可能性，因此设计实践的定性是在民族时尚理论决定的总体思路导向下多个方向的黎族时尚成衣设计尝试。

为防止设计创意天马行空，需要基于民族时尚理论确定黎族传统服饰时尚化设计的总体导向，再在此总体导向下进行多个方向的黎族时尚成衣设计尝试。总体导向思路应出自民族时尚理论研究结论与黎族传统服饰文化调研结论的整合，包括黎族传统服饰时尚化设计的原则与基于时尚化设计原则视角对黎族传统服饰文化的检视结论。

第一节 黎族传统服饰时尚化设计的原则

第四章论及的民族传统服饰时尚化设计的原则加上品牌定位原则，就是在此要强调的黎族传统服饰时尚化设计的原则。

一、兼顾接续传统文化、文明与时俱进、引领民族时尚三原则

接续传统文化方面，在款式、色彩、纹样、工艺等方面以仍然不过时或者无所谓过时的民族服饰文化类型、审美特点与承载黎族人文观念与情感的服饰元素与艺术手法为主体。

文明与时俱进方面，一方面淘汰不再符合现代生产、观念、生活场景条件的传统服饰元素；另一方面在生产效率、面料舒适性、结构合理性、形态直感美等方面做出符合当代科技与艺术设计水平的变化处理。成本控制尤其需要在科技与产业层面与时俱进。

引领黎族时尚方面，依据黎族人群生活世界的发展与开放现状，设计契合民族文化发展自我认同的黎族风格创新服饰，并需要兼顾外来旅游者的时尚审美认同。

二、走民族时代之尚设计路线

追求对于黎族而言划时代的甚至成为时代经典的设计创新，同时也是对于开放服饰时尚市场而言不落后于时代的设计创新。

三、兼顾直感审美创优设计与动情审美共鸣设计

服饰物态（质料与形态）观受美感由直感审美主导设计创优。

服饰的人文（精神与人伦）观受美感则更多涉及民族文化认同，传神、

传情、示意与寄望等文化功能方面的艺术设计要勾起动情审美共鸣，就应重视黎族传统特色的意象与意境及其艺术创构手法。

四、物性等其他方面也要设计创优与统筹兼顾

舒适、健康、透气、吸汗、散热、保暖、携带等基于物性的实用功能创优设计。特定场合功能服饰需要针对性适用与得体设计。

五、设计模式多样并存

外来时尚服饰的民族化改造；传统款式改良，比如仪表与性感的平衡；形象复古的民族服装时尚化设计；气象复古，也可以采用有形元素等。

跨民族时尚气质的黎族风格服饰时尚设计，可兼顾喜欢黎族风格服装的非黎族爱美女子，包括外来民族聚居区的游客。

第二节　时尚化设计原则视角下对黎族传统服饰文化的检视

基于时尚化设计原则视角，反思黎族传统服饰文化的类型与动情审美特征，检讨黎族传统服饰文化各方面元素过时与否及应对导向，从而确定设计尝试的创意导向。

一、黎族传统服饰文化的类型

黎族传统服饰文化属于表意系服饰文化，有仪表功能成分，但不属于礼教型服饰文化，受到汉族儒家礼教文化影响不大，而是有自己的一套高度符号化的表意系统，同时，由于黎族没有文字，传统文化还属于原始文化水平（万物有灵、生殖图腾崇拜）。

表意艺术手法主要有：变形传神，联想象征，色彩寓意，约定俗成符号，以形成意象；排列的重复与变化，形成意趣；再现场景，构设情境，以营造意境；基于意象、意趣与意境进行示意、传情与寄望，以及动情审美。

二、黎族传统服饰文化体现的动情审美

意象方面，以"大力神"与人形纹、蛙人纹为母体图案与核心意象，以宇宙自然纹、动植物纹、社会事物、汉字为子图案、辅助意象，结合神话，寓意人在自然中的奋斗及与自然的和解、和谐。

意境多是人与自然、人与人的和谐相处，气氛多欢乐、喜庆、吉祥。

艺术手法方面，主要用直线组合、粗细变化与色彩运用等朴拙的基本形式构成简约图案，由实际事物形象的夸张、简化、相似置换等变化形成传神形象，基于神话等约定俗成的联想引申形成形象的象征意义（比如鸟、鱼的象征意义）；一些极简单的形状，如"十"字纹与"卐"字纹的作用实际上已经接近于意象型表意文字符号。结合富有寓意的色彩运用，以意象关联再现婚礼等场景来营造欢乐、喜庆意境，或构设创世神话等情境以营造意境。

动情审美特点是，热爱和谐、欢乐、喜庆、吉祥、趣味，同时也有敬畏、关爱、担当、勇敢、献身、和解的精神与心理准备支撑应对困难与灾难，偏爱享受简单、欣赏朴拙。

三、黎族传统服饰文化元素的过时与否

是否过时在于是否经得起时代检验，由特殊时代原因造成并且只适用于那个时代的民族传统服饰文化元素都是过时的。能够跨时代传承的传统文化必是基于人伦情感共鸣与自由精神选择保持的人文元素，以及超越时代的必由元素。

（一）过时而须与时俱进的黎族传统服饰文化元素

舒适、健康、透气、吸汗、散热、保暖等物性方面的创优设计，结构的合体性，形态层面的直感审美设计，特定场合功能服饰的针对性适用与得体设计，这些方面都是黎族传统服饰的弱项，必须与时俱进。

传统纺染织绣的低效率方式与工艺也须与时俱进地改进。另外，虽然天然植物染比工业染色更有利于健康，但不一定更有利于环保，比如红色染料来自苏木的树心，而苏木生长大约8年才能成材，如此生长周期至少难以支撑现代变化较快的大众服饰时尚。大概只有当造纸用可再生林存在木材能够充当各种颜色染料之时，环保问题才能解决。在此之前，手工作坊式的低效率生产更适宜。

纹样方面，一些基于蒙昧认识与原始动机的寓意，都将与现代观念格格不入，必须在观念与时俱进基础上创新意象，或侧重意趣。

（二）可变化处理的黎族传统服饰文化元素

黎族女子传统服装制式元素，比如纹样的形状与分布，原本有支撑族群识别认同的标识符号功能，传统黎族妇女自己也不能随便更改。但现代社会条件下，它们都已经失去了身份标识符号功能，完全可以根据直感美设计的需要做出变化。

筒裙长短也有作为服装制式的族群认同功能，同时其形成其实也有劳动方式、生产环境与生产力水平共同决定作用参与。比如，润黎女子筒裙普遍短至一幅布，既是为了方便翻山越岭采摘，也是因为生产难度大，以及族群

认同文化的制约。因此，当生产条件随时代变化，而且族群认同也不再以服装外在制式体现以后，各方言黎族女子的筒裙长短也就没有固守原来制式规范与差异的必要。

但民族传统服装制式在民族传统服饰时尚化的初期仍然有着较强的民族认同心理在起着维护作用，款式改良与变形应当作为主打设计模式，其他模式的民族传统服饰时尚化设计也可多样并存。

（三）未过时而可作接续根脉的黎族传统服饰文化元素

气候是基本不变的，裙子在海南黎族聚居区气候永远适合穿着，筒裙可能成为现代黎族服饰经典的原型，这是黎族服饰时代之尚设计要考虑的。或许可以借鉴民国时期改良旗袍表意（仪表）与表象（性感）相结合的模式。

色彩的寓意连接更隐晦，形成的审美心理习性更稳定，是民族传统服饰时尚化设计要倚重的服饰元素。

神话的人文精神意义是持久的，但需要基于时代视域的重新诠释，才会焕发人文经典的时尚性。传统生活场景纹样的意境并不过时，或可作为城镇化现代生活中精神返乡的乡愁寄托。

深层的表意艺术手法与动情审美特点，也比较容易在社会生活交往的情感交流共鸣中得到自然而然的持久传承，也是创新源泉。

对象人群：热爱时尚的黎族年轻女子，兼顾喜欢黎族风格服装的非黎族爱美女子。

总体风格：黎族风格，分5个支系及跨方言风格。

服装类型：日常生活装。

价格区间：大体适应黎族人群的消费水平。

有限的实践尝试所能涉及的方向总是有限的，这就需要在黎族传统服饰时尚化设计的总体导向下对具体尝试方向作出选择。

实际尝试系列方向选择如下：

基本保持各支系款式风格的设计尝试方向如下：

方向一：结构改良+筒裙采用传统黎锦面料；

方向二：结构改良+全部采用现代面料与制作工艺。

款式变化延续各支系风格的设计尝试方向如下：

方向三：基于传统元素的自由设计（款式变化延续传统风格）。

跨方言风格的设计尝试方向如下：

方向四：十字形剪裁+黎族特色拼色捆边工艺+现代工艺与配色；

方向五：基于传统元素的自由设计（款式风格非传统、极简）；

方向六：基于传统元素的自由设计（款式风格非传统、非极简）。

第一节　尝试方向一：结构改良+筒裙采用传统黎锦面料

这个方向的设计尝试实践以杞方言为例。

在接续传统文化方向的元素选择方面，沿用了杞方言女子传统的上衣下裳的服饰形制（上衣：无领、对襟、长袖，下裳：筒裙）与纹样，色彩上依然保留了杞方言喜用的黑色和红色为主色，直筒短裙采用了传统的黎锦面料，因此在大的风格上保持了传统原貌。

时尚化设计变化内容主要是在原来款式基础上做了立体化改良，上衣的收省和吸腰设计以更加符合现代人的直感审美，裙子收腰收省及活动松紧以利于合身与穿着方便；另外，肩斜线的处理、圆装袖也是立体结构。上衣采用了现代面料，印染、缝制、花边与包边都采用现代制作工艺，以减少时间成本。

一、款式设计

沿用了杞方言女子传统的上衣下裳的服饰形制（上衣：无领、对襟、长袖，下裳：筒裙），做了一些立体化改良，包括收腰、圆装袖等（图9-1）。

保留传统形状的锡扣

一片式园装袖设计

现代黎族风格纹样花边

印有杞方言人纹图案
的现代染织面料替代
传统袋花

用现代黎族风格纹样
花边替代杞方言筒裙
的传统裙间带

杞方言传统黎锦，一
幅黎锦的长度正好是
两条筒裙身的用料

图9-1　保留传统筒裙样式和配色的杞方言女子日常服设计

二、面料选择

在面料选择上，筒裙保留传统黎族纺染织绣技艺原汁原味的黎锦面料，上衣采用了棉质黑色平纹素织面料（图9-2、图9-3）。

图9-2　上衣黑色素织平纹面料

图9-3　筒裙杞方言传统黎锦面料

三、图案设计

上衣下摆纹样基本延续黎族杞方言传统黎锦纹样，主要描绘了人的动态、舞蹈、生产劳动，以此表平安、欢乐与人丁兴旺。杞方言传统黎锦纹样本次设计的上衣下摆纹样对比起来，比较哑光，后者采用现代印染技术，色彩则比较鲜艳一些（图9-4、图9-5）。

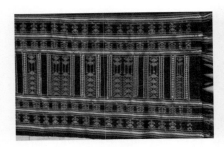
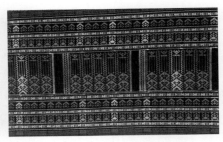

图9-4　杞方言传统黎锦纹样　　　　　图9-5　现代印染技术的上衣纹样

四、色彩设计

采用黎族杞方言传统服饰经典配色（图9-6）。

图9-6　杞方言女子服装时尚化设计色彩色相

五、工艺及细节设计

工艺及细节设计包括门襟设计、下摆及袋花纹样设计、袖口拼接设计等（图9-7～图9-9）。

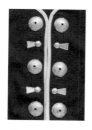

图9-7　门襟设计

图9-8　下摆及袋花纹样设计

图9-9　袖口拼接设计

筒裙变化设计细节包括裙头收省、装松紧带，并用现代黎族风格纹样花边代替传统群间带；裙子主体部分则保留传统黎锦面料。其效果与传统筒裙相比，有了立体感，且方便穿脱（图9-10、图9-11）。

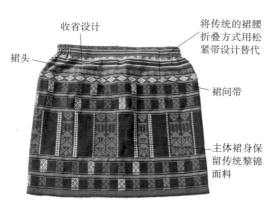

收省设计

将传统的裙腰折叠方式用松紧带设计替代

裙头

裙间带

主体裙身保留传统黎锦面料

图9-10　设计变化后的筒裙

图9-11　杞方言传统筒裙
（图片来源：《中国黎族》，王学萍主编）

六、实物着装效果

变化后实物着装效果与传统服饰着装效果对比，总体风貌接近，相对明显的差异只是收腰（图9-12～图9-14）。

图9-12　变化后着装效果1　　图9-13　变化后着装效果2　　图9-14　传统服饰着装
（图片来源：《中国黎族》，王学萍主编）

七、设计尝试小结

设计制作总体还原了黎族杞方言传统服饰风貌。筒裙裙头结构改良使筒裙更加合身，且穿着更加方便；上衣结构改良更显女性腰身；上衣包边与袖子线条及袖头的处理只是在少量简化基础上做了白色呼应设计，提升了形式直感美。

上衣可以成衣化制作，生产成本降低。但由于筒裙仍然采用传统染织绣工艺的黎锦面料来制作完成，所以存在制作时间长，费用较高，无法大批量生产的缺陷。

第二节　尝试方向二：结构改良+全部采用现代面料与工艺

这个方向的设计实践对五个方言都有尝试。

在接续传统文化方向的元素选择方面，继续沿用黎族各支系服饰传统款式大体不变，色彩与纹样也都沿用传统服饰风格。

时尚化设计变化内容主要只是结构由平面设计改良为立体设计实现造型立体化；并采用现代面料与制作工艺；可成衣化制作。具体采用有纸印花技术在再生纤维黏胶面料上设计制作出复合黎族传统图案样式，并以此面料设计制作服装，绣花采用机绣完成。

一、哈方言设计尝试案例

（一）款式设计

款式设计上接续传统方面，保留了哈方言女子传统服饰的上衣下裳的基本形制，门襟设计为哈方言的直领对襟的基本样式，上衣侧面开衩设计，下摆设计依然是前长后短，上衣与筒裙整体上都基本保持了原来风貌。中筒裙延续了传统筒裙适应度广的特性（图9-15）。

结构立体化方面，在结构上采用了一片式圆装袖结构，袖子与衣身部分的衣身前面腋下收一胸省设计，下身筒裙腰部收省和松紧带设计，提升了直感形式美。松紧带设计大大提高了筒裙的适穿性。

款式变化还有：衣身下摆及门襟边沿设计几何形图案，衣身袖山、领口、门襟、后背肩部和后中缝压红色牵条设计，增加了上衣的层次感。

正面

背面

图9-15　哈方言风格女子日常装计算机设计矢量图

（二）面料选择

因海南气温四季如春，没有严寒酷暑，所以本次设计尝试选择的是市场上目前比较流行的再生纤维黏胶面料（图9-16）。首先是因为其易于打理，不容易有褶皱，特别容易保持挺括和悬垂的效果比较适合劳作中的妇女们，用它与现代数码印花技术相结合，印出的颜色非常鲜艳，图案清晰，非常有利于黎族传统图案的表现。从服用功能上说，其厚度适中，挺括度都较黎族妇女自织的面料要好，是一种非常实用的面料，其悬垂性能良好也容易塑造穿着者的曲线体型，符合现代审美意识和需求。

下身的筒裙面料，通过花型图案定位设计，做成一块完整的面料图案，在实际款式的制作中可根据实际需要现场调整后再进行数码定位印花设计（图9-17、图9-18）。

图9-16　上衣面料（蓝色素色）

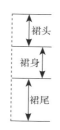

图9-17　筒裙面料图

图9-18　筒裙面料图案分割

（三）色彩选择

采用了黎族妇女比较喜爱的蓝色为服装主体色，配红色、黄色等作为点缀和对比（图9-19）。

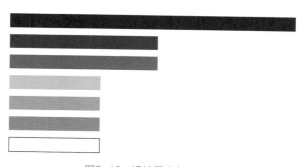

图9-19　设计图案色彩色相

（四）纹样与构图设计

哈方言筒裙纹样种类繁多，以人形纹、蛙人纹为中心元素，与动植物纹、自然纹相互搭配，体现人与自然和谐相处的意境。本次面料图案设计提取筒裙经典人形纹、猫纹等图案元素，以及筒裙经典配色与构图方式，重新组合设计，力图既保持传统人文风貌，又提升物态直感审美效果（图9-20、图9-21）。

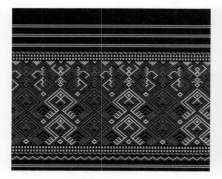

图9-20　哈方言经典人形纹图案

图9-21　哈方言猫纹与波浪纹

衣身背面纹样是哈方言经典的屋纹与树枝纹，并用现代机绣工艺替换传统手绣，提高生产效率（图9-22）。

（五）实物效果

1. 衣身实物平铺效果

下面是衣身实物正面平铺效果与背面平铺效果（图9-23）。

图9-22　哈方言屋纹与树枝纹

正面

背面

图9-23 实物平铺效果

2. 实物领口设计细节

领口设计镶嵌红色细织带，有效形成了民族特色的分割构图；领口通过挖弧线设计，更好地吻合人体领口形状（图9-24、图9-25）。

下摆设计前长后短，侧缝开衩，侧缝下摆图案采用数码定位印花图案（图9-26、图9-27）。

图9-24 实物前领

图9-25 实物后领

图9-26 实物下摆

图9-27 实物侧缝

3. 实物着装效果

实物衣身整体简洁大方，既符合哈方言传统的人文审美特性，又结合了现代物态直感审美和科技元素。同时可以成衣化批量生产，降低生产成本（图9-28、图9-29）。

图9-28　全身实物着装效果　　　　　　图9-29　半身实物着装效果

二、杞方言设计尝试案例

此款服装在设计上延用了杞方言传统日常服装的款式风格，筒裙的位置设计为中筒裙。保留了立领对襟结构；衣身侧缝和下摆处采用了传统常用的白色包边工艺；前后片衣身上保留了传统袋花和腰花位置设计，门襟处金属扣和后背花卉几何绣花纹样设计还原了杞方言的传统服饰语言（图9-30～图9-32）。

设计变化方面，同样由传统的平面结构改为立体结构，腰部设计依然收省和加松紧带设计，提升舒适度和适穿性。采用现代面料和现代数码定位图案设计与印花工艺；腰花和袋花图案设计有所改良，肩缝和袖口的手工绣花改用了带黎族几何纹样的现代花边织带。筒裙的设计同样采用了数码定位印

衣身后片设计图

后面绣杞方言典型
纹样（21cm）

袖口拼白色边

压几何形织带

衣身侧缝和下
摆包白色边

领子及肩部设计细节

着装效果图

图9-30　杞方言女子传统日常服设计矢量图及细节设计图

图9-31　实物着装正面效果

图9-32　实物着装背面效果

花工艺，将杞方言筒裙的裙头、裙身及裙尾图案做整体结合设计。

立体化结构设计细节方面，在袖子结构上采用了现代立体一片式圆装袖结构，衣身前片做公主线式分割缝设计，增加着装者的修长感；上面加上直线型点状图案织带，丰富了视觉层次和线条的流畅感，提升直感审美效果。

三、润方言设计尝试案例

润方言这个方向只做了款式设计，没有实际制作样衣（图9-33）。

图9-33 款式及细节设计图

四、美孚方言设计尝试案例

美孚方言这个方向只做了款式设计，没有实际制作样衣（图9-34）。

前片开刀背缝设计

圆装袖

衣身后片

红色布包边设计

长筒裙

袖口用白色相拼侧缝开
高衩及腰，其用白红两
色相拼1.5～2cm

着装效果图

图9-34　款式及细节设计图

五、赛方言设计尝试案例

赛方言这个方向的设计尝试只做了款式设计，没有实际制作样衣
（图9-35）。

红色布包边设计

衣身后片设计图

红色布包边设计

大襟偏襟结构设计

长筒裙

着装效果图

袖口、下摆及侧缝均用红色
包边条做包边设计

袖口及侧缝红色包边设计

图9-35　款式及细节设计图

六、设计尝试小结

这个尝试方向五个方言支系的系列设计，都是结合现代的数码印花技术与黎族的传统服装样式和图案相结合来完成的，同时采用了现代缝制工艺，后面衣身下部图案采用机绣工艺替代了传统手绣工艺，可以直接发展为成衣化批量生产，在生产效率和制作成本上可以做到有效控制。

物性方面，再生纤维黏胶面料的优点是成品衣服的适穿性较强。

直感审美方面，作为视觉效果的改良手段则主要只是款式结构立体化，并在构图基本格局不变的前提下加强了针对细节的整体优化设计，时尚化设计手法运用还比较单一。

第三节 基于传统元素的自由设计尝试（款式变化延续传统风格）

这一尝试方向的设计案例，款式变化幅度比前两组实验大，但与传统造型比较仍保持一定的延续性；色彩与构图风格则强调延续黎族传统偏好；纹样在保持风格不变的前提下有所创新。

采用了现代棉麻面料，其天然纤维的柔软、透气、舒适，非常适合海南岛气候；结合宽松的款式，体现黎人与自然和谐、崇尚安适自在的生活态度。

一、款式设计

实际设计了各方言美孚方言、哈方言、润方言风格套装各一款，哈方言、润方言风格连衣裙各一款，其中美孚方言、哈方言套装的裙子通过用色与图案呼应共用一款裙子。

美孚方言风格套装款式（图9-36）设计上，上衣延续了传统上衣立领对襟的特点，红色直领，领口边沿1cm宽插色设计，直领边沿采用手工锁链绣工艺；海军领风格造型，前后片采用过肩设计，领子外围边沿采用传统的拼色设计手法。裙身整体呈直筒造型，裙腰收省设计，筒裙腰头包绿边，侧缝开衩且装隐形拉链。

哈方言风格上衣款式设计上，延续了传统对襟和开衩设计，前长后短，背面后中破缝装饰；工艺手法上采用手工牵绣和补绣手法（图9-37）。变化设计采用了传统立领直襟设计，手工辑白色明暗线设计，袖口拼接设计和镶嵌工艺手法，喇叭袖结构设计。与图9-36美孚方言风格裙子纹样形成呼应，可以混搭。

哈方言风格连衣裙款式设计上，将传统短上衣长度向下延伸拉长，设计

1cm插色设计
红色直领
前片过肩设计
红绿色三色拼接设计
海军领风格造型

正面
手工锁链绣工艺
立领、对襟、直襟设计
背面
侧缝装隐形拉链
红绿白三色拼接设计

红绿白三色
拼接设计

腰头包绿色边

手工牵绣工艺

侧缝开衩设计

前面
裙身整体呈直筒造型
侧面

图9-36 美孚方言风格女子上衣与筒裙款式图

手工辑白色明暗线设计
后中破缝装饰

传统立领
直襟设计
喇叭袖口设计

袖口拼接设计和镶嵌工艺手法
正面
传统对襟设计
传统开衩设计
背面
黎族传统纹样，手工牵绣和补绣手法
包边设计
哈方言传统前长后短设计

图9-37 哈方言风格女子时尚化上衣款式图

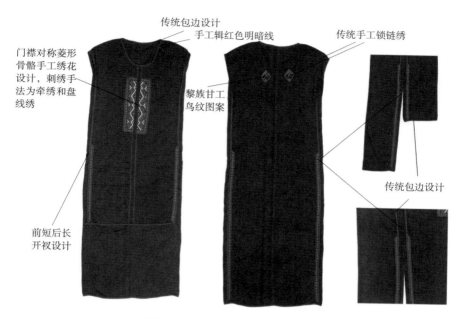

门襟对称菱形骨骼手工绣花设计，刺绣手法为牵绣和盘线绣

传统包边设计
手工辑红色明暗线

传统手工锁链绣

黎族甘工鸟纹图案

前短后长开衩设计

传统包边设计

图9-38　哈方言风格女子连衣裙款式图

成为流行的H型连衣裙款式（图9-38）。采用了门襟对称菱形骨骼手工绣花设计，刺绣手法为牵绣和盘线绣，领子边沿传统包边设计，领子边沿手工辑红色明暗线，甘工鸟纹图案，采用传统手工锁链绣工艺，侧缝前短后长开衩包边设计。

润方言风格女子套装款式设计上，前后领采用V型领口设计，领口绿色包边，手工辑白色明暗线，腰部收省，前后片公主线采用收省塑形功能性分割设计，侧缝装隐形拉链，领口及领子边沿手工绣花（图9-39）。

润方言风格连衣裙款式设计上，领型采用V型领口造型，手工绣花包边，方形袖窿结构设计，手工辑白色明暗线包边，领口及领子边沿手工绣花，前后侧缝不破开，公主线型结构分割，少量吸腰设计传统动物纹袋花设计，裙摆边沿手工绣花植物花草纹样设计，领口及裙摆底边加民族风格织带（图9-40）。

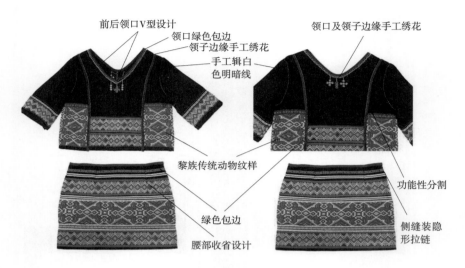

图9-39　润方言风格女子套装款式图

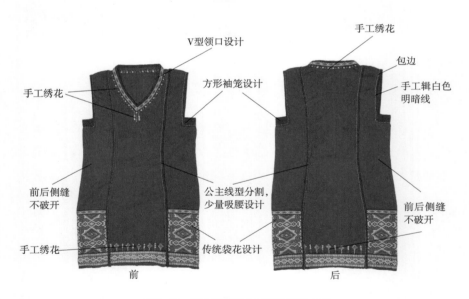

前　　　　　　　　　　　　　　后

图9-40　润方言风格女子连衣裙款式图

二、面料设计

采用素色菱形暗纹手工染纯棉土布与素色麻质机织面料（图9-41～图9-44）

图9-41　素色菱形暗纹手工染纯棉土布

图9-42　素色麻质机织面料1

图9-43　素色麻质机织面料2

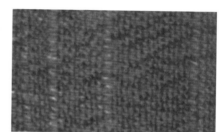

图9-44　素色麻质机织面料3

三、图案设计

选用龟纹、花草纹、蛙人纹和鱼纹等传统纹样元素，图案用色也是黎族人偏好的红、黄、白、绿，运用黎族传统的锁链绣、牵绣和平绣等纹样工艺手法加以表现，给作品赋予了文化内涵和传统意蕴，体现了黎族人们的审美需求（图9-45～图9-47）。

图9-45　龟纹

图9-46　花草纹

图9-47 蛙人纹

四、色彩设计

采用黎族传统服饰经典配色（图9-48）。

图9-48 黎族传统服饰经典配色

五、工艺及细节设计

在本组尝试设计，重点采用了黎族传统的手工牵绣和锁链绣工艺，每套款式中都采用了黎族妇女最为喜爱的包边工艺，在款式细节的设计上，保留了开衩、滚边、贴花边等传统工艺手法（图9-49～图9-54）。

图9-49 手工牵绣

图9-50 锁链绣

图9-51 包边工艺

图9-52 开衩

图9-53 滚边

图9-54 贴花边

六、实物着装效果

以下照片是各方言风格套装与连衣裙穿着效果（图9-55~图9-66）。

图9-55 润方言风格套装款正面效果　　图9-56 润方言风格套装款背面效果

 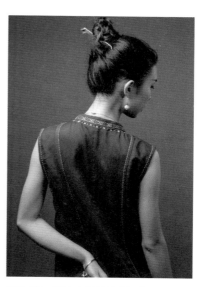

图9-57 润方言风格连衣裙款正面效果　　图9-58 润方言风格连衣裙款背面效果

图9-59 润方言风格连衣裙款侧面效果　　　图9-60 哈方言风格连衣裙款正面效果

图9-61 哈方言风格连衣裙款背面效果　　　图9-62 哈方言风格连衣裙款侧面效果

图9-63　哈方言风格套装款正面效果

图9-64　哈方言风格套装款背面效果

图9-65　美孚方言风格套装款侧面效果

图9-66　美孚方言风格套装款背面效果

七、类似风格的童装设计作品

基于同样的设计尝试导向，笔者设计了系列黎族风格童装（图9-67～图9-71）。款式设计针对4～12岁的儿童，发展出不同的系列和款式。市场人群是黎族儿童，兼顾岛内其他儿童与入岛儿童游客的喜爱，能起到传达地域文化的作用，成为重要的旅游吸引物。

款式与色彩设计在充分保持黎族传统服饰特点的基础上创新。着重图案装饰的创新，将图案变形、整合、连续，创新图案设计使童装更具美感与现代性。在细节上，对口袋、腰部、袖口、领口等位置进行了创意设计。在配饰方面也采用了扎染、蜡染、刺绣、编织等工艺手法。天然面料舒适透气。

图9-67　黎族风格童装系列作品1　　　　图9-68　黎族风格童装系列作品2

图9-69　黎族风格童装系列作品3

图9-70　黎族风格童装系列作品4

图9-71　黎族风格童装系列作品走秀照

八、设计尝试小结

这一尝试方向的设计案例，坚持了色彩、整体构图与细节处理特色方面的保守，虽然款式变化幅度较大，但仍可直觉感受到它们的黎族传统风格，并明显区别于他者异域风情视角的"民族风"；同时在直感审美的引导下做了整体化设计，有一定概率成为未来黎族时尚的系列经典款式。

第四节　十字形剪裁+黎族特色拼色捆边+现代工艺与配色

虽然黎族传统服饰直线拼接（极少有剪裁）结构受到腰锯机布幅宽度的限制，但其结构恰到好处。这组设计尝试意在传承其平面结构十字形剪裁特点和其独具民族特色的拼色捆边工艺，结合现代的工艺手法及配色艺术，旨在传达黎族传统服装裁缝工艺的现代表现方式。在传统服装结构剪裁手法基础上，从适穿性和时尚性出发重新构建款式、结构和色彩。

实际设计了三款服装，套装一款，连衣裙两款（A款，B款）（图9-72～图9-79）。

图9-72　十字形剪裁的套装款实物

图9-73 套装款穿着效果

图9-74 穿着套装款的侧面效果

图9-75 十字形剪裁的连衣裙A款实物

图9-76 连衣裙A款的穿着效果

图9-77 十字形剪裁的连衣裙B款实物

图9-78 连衣裙B款的穿着效果

设计尝试小结

色彩、剪裁、包边及分割仍具黎族特色，有潜质成为黎族时尚服饰经典款，但黎族风貌并不直观，仍需要阐释支撑其时尚传播。

图9-79 穿着连衣裙B款的侧面效果

第五节　基于传统元素的自由设计尝试（款式风格非传统、极简、易搭配）

这一设计尝试方向的特点是：基于传统色彩元素，遵循传统色彩审美心理；纹样上只保留蛙人纹特写；款式极简，易搭配设计，提供着装的自由搭配空间，从而变化形成多种新的风格特点，非常吻合现代人的混合搭配、一衣多穿的生活需求。

一、色彩设计

采用黎族传统服饰经典色彩（图9-80）。

图9-80　黎族传统服饰经典色彩

二、图案设计

隐去黎族蛙人纹体现原始社会时期生殖崇拜的特征，强调其隐喻等引申意义层面的人文精神意义，设计优化蛙人纹的构图与诠释（图9-81）。

图案蛙人纹隐喻生生不息，也可寓意黎人祖先创世精神的代代相传；造型内宽厚而外刚健，体现内向包容与外向创造精神，可寓意阴阳并重，男女祖先平等；线条色彩是传统绿、黄与红三色，最内线条绿色寓意生机，中间线条红色寓意高贵、威严；外层线条黄色寓意光辉、活力和坚毅。蛙人纹各元素寓意的汇总融合并经重新阐释，它可象征黎族人当代眼光的典范人格。

图9-81　蛙人纹

三、款式设计

实际设计了两款，一款背心与一款手帕裙（图9-82、图9-83）。

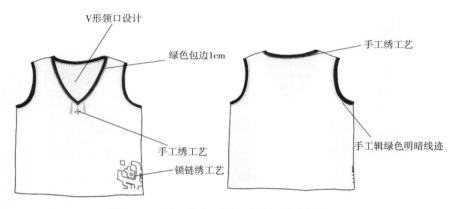

V形领口设计

绿色包边1cm

手工绣工艺

锁链绣工艺

手工绣工艺

手工辑绿色明暗线迹

图9-82　黎族风格女子极简设计单品背心款式图

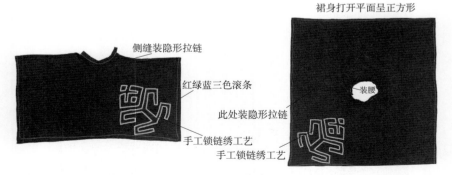

裙身打开平面呈正方形

侧缝装隐形拉链

红绿蓝三色滚条

此处装隐形拉链

手工锁链绣工艺

手工锁链绣工艺

装腰

图9-83　黎族风格女子极简设计单品手帕裙款式图

四、搭配着装效果

　　基于背心与手帕裙可以做多种搭配穿着。比如背心与手帕裙搭配，或再与美孚方言风格上衣搭配，或手帕裙与美孚方言风格上衣搭配，或手帕裙与哈方言风格上衣搭配，或者其他搭配方式，比如手帕裙与十字形剪裁黎族风格套装上衣搭配（图9-84～图9-87）。

图9-84　单款自由搭配1

图9-85　单款自由搭配2

图9-86　单款自由搭配3

图9-87　单款自由搭配4

五、设计尝试小结

本组设计尝试采用黎族传统纯绿与纯白面料，以极简的平面结构剪裁，以大而显眼的单个蛙人纹作为焦点，彰显个性与自信，配合不显眼的包边、滚条与绣花元素点缀装饰处理，赋予裙子与背心以高比例含量的黎族风格，并易于搭配，因此，有一定概率成为黎族服饰时尚的经典款。

第六节　基于传统元素的自由设计尝试（款式风格非传统、非极简）

这组设计尝试不仅款式基本没延续黎族服饰款式风格，而且结构与装饰大都比较复杂，但这也是时尚服饰的一种形态。以下是笔者指导学生们基于黎族传统服饰文化元素的自由设计尝试案例走秀效果（从图9-88～图9-96）。

图9-88　朱彦蓉设计的黎族风格服饰系列作品

图9-89　吴天宇作品 1

图9-90　吴天宇作品2　　　图9-91　朱彦蓉作品　　　图9-92　曹鹏芳的作品

图9-93　谢雅鑫设计的黎族风格服饰系列作品

图9-94　于珂欣设计的黎族风格服饰系列作品

图9-95　付晓红设计的黎族风格服饰系列作品

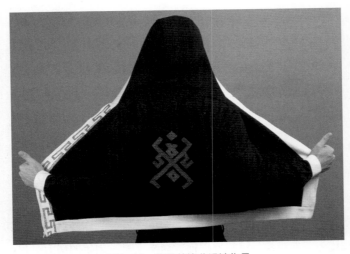

图9-96　蔡雪芳毕业设计作品

设计尝试小结

结构与装饰复杂的服饰也可以成为时尚，但市场接受度会随复杂程度递减，趋向小众或短时时尚，不过这也是时尚创新的巨大空间所在。

第七节　设计尝试总结

黎族女子传统服饰时尚化设计的以上六类设计尝试方向的设计案例大都有较好的视觉效果，并且大都有着较高比例含量的黎族服饰风貌。其中，方向一"结构改良+筒裙采用传统黎锦面料"虽不能完全成衣化制作，但也许还是有一部分对黎锦感情深厚的人会选择黎锦面料的筒裙。方向二"结构改良+全部采用现代面料与工艺"与方向一虽然都传统原味比较浓重，但通过在直感美方面做现代化审美设计，仍然可能在黎族聚居人群范围内成为一种时尚。方向三"基于传统元素的自由设计（款式变化延续传统风格）"传统原味仍然较浓，但新意满满，能够满足年轻人求变的心理，款式也不复杂，走出黎族聚居区穿着也不显突兀，并且更显民族个性与文化自信。方向四"十字形剪裁+黎族特色拼色捆边工艺+现代工艺与配色"与方向五"基于传统元素的自由设计（款式风格非传统、极简）"都属于极简的剪裁，方向四只是突出了"十字形剪裁"概念，方向五则思路更宽广。越简约越有可能成为未来黎族服饰时尚的经典款，成为时代之尚。方向六"基于传统元素的自由设计（款式风格非传统非极简）"也有其价值，小众时尚与短时时尚是时尚文化发达的表现，大量设计师面向这个方向的时尚市场从事复杂设计是时尚文化活力的体现。方向四、五、六都是跨方言风格的设计。

总之，以上六个设计大方向各有各的市场人群与适穿场合，不能一概而论地比较优劣。在积极促进黎族服饰时尚文化未来创生的努力过程中，这些设计方向都是需要酌情兼顾的。

不过，最终有效的设计还是面向市场的商业设计，最终有效的品牌规划还是要产业化运营。传统新命，民族时尚，二者都是充满情怀的概念；传统服饰的时尚化设计也偏重理念。然而情怀与理念都不能代替市场，实践路上必须实事求是、因势利导、随机应变。好在，时尚市场中的消费人群却也有民族情怀在，无视人的民族情怀也做不好民族时尚事业。因此，笔者提倡的理念正是要在确立民族文化自信与激起民族情怀共鸣方向上有效发力，如此有导向的实事求是、因势利导、随机应变才会万变不离其宗旨，如此将更有利于以商业的方式成就民族时尚事业。

参考文献

［1］王学萍等. 黎族传统文化［M］. 北京：新华出版社，2001.

［2］王学萍. 中国黎族［M］. 北京：民族出版社，2004.

［3］符桂花. 黎族传统织锦［M］. 海口：海南出版社，2005.

［4］蔡於良. 黎族织贝珍品·衣裳艺术图腾图集［M］. 海口：海南出版社，2007.

［5］鞠斐，陈阳. 中国黎族传统织绣图案艺术［M］. 南京：东南大学出版社，2014.

［6］王儒民等. 黎族服饰［M］. 海口：南方出版社，2014.

［7］孙海兰，焦勇勤. 符号与记忆：黎族织锦文化研究［M］. 上海：上海大学出版社，2012.

［8］刘超强，达瑟. 黎锦织造工艺［M］. 北京：中国纺织出版社，2007.

［9］王晨，林开耀. 中华锦绣丛书：黎锦［M］. 苏州：苏州大学出版社，2011.

［10］刘军. 肌肤上的文化符号：黎族和傣族传统纹身研究［M］. 北京：民族出版社，2007.

［11］王献军，蓝达居，史振卿. 黎族的历史与文化［M］. 广州：暨南大学出版社，2012年.

［12］王建成. 首届黎族文化论坛文集［M］. 北京：民族出版社，2008年；

［13］《黎族简史》编写组. 黎族简史［M］. 广州：广东人民出版社，1982.

［14］郭小东等. 海南岛民族志［M］. 武汉：武汉大学出版社，2013.

［15］王海，江冰. 从远古走向现代——黎族文化与黎族文学［M］. 广州：华南理工大学出版社，2004.

［16］陈立浩. 《从原始时代走向现代文明——黎族"合亩制"地区的变迁历程》［M］. 海口：南方出版社，2008.

［17］刘清敏. 服饰文化理论研究［M］. 大连：大连出版社，2000.

［18］周梦. 民族服饰文化研究文集［M］. 北京：中央民族大学出版社，2009.

［19］张辛可. 东方文化的崛起：具有中国人文精神的服装设计及其教育［M］. 石家庄：河北美术出版社，2003.

［20］赵汀阳. 惠此中国：作为一个神性概念的中国［M］. 北京：中信出版社，2016.

［21］华梅. 服装美学（第2版）［M］. 北京：中国纺织出版社，2008.

［22］休·昂纳·佛莱明. 世界艺术史［M］. 范安迪，译. 海口：南方出版社，2002.

［23］沈富伟. 中西文化交流史［M］. 上海：上海人民出版社，2014.

［24］葛兆光. 中国思想史［M］. 上海：复旦大学出版社，2009.

［25］林慧祥. 中国民族史［M］. 上海：上海书店出版社，2012.

［26］李泽厚. 美的历程［M］. 上海：三联书店，2009.

［27］中国文化书院讲演录编委会编. 论中国传统文化［M］. 上海：三联书店，1988.

［28］冯天瑜，周积明. 中国古代文化奥秘［M］. 武汉：湖北人民出版社，1986.

［29］王海霞. 中国民间美术社会学［M］. 南京：江苏美术出版社，1995.

［30］王受之. 世界现代设计史［M］. 北京：中国青年出版社，2002.

［31］斯蒂芬·贝利，菲利普·加纳. 20世纪风格与设计［M］. 罗筠筠，译. 成都：四川人民出版社，2000.

［32］爱德华·卢西·史密斯. 1945年以后的现代视觉艺术［M］. 上海：上海人民美术出版社，1988.

［33］张乃仁，杨蔼琪. 外国服装艺术史［M］. 北京：人民美术出版社，2003.

［34］布兰奇·佩尼. 世界服装史［M］. 徐伟儒主译. 大连：辽宁科学技术出版社，1987.

［35］L. 布朗等. 世界历代民族服饰［M］. 蒲元明，刘长久，译. 成都：四川民族出版社，1988.

［36］蒋勋. 中国美术史［M］. 上海：三联书店，2008.

［37］李泽厚. 中国美学史［M］. 天津：天津社科出版社，1984.

［38］沈从文. 中国古代服饰研究［M］. 上海：上海书店出版社，2011.

［39］黄能馥. 中华服饰艺术源流［M］. 北京：高等教育出版社，1994.

［40］王维堤. 中国服饰文化［M］. 上海：上海古籍出版社，2009.

［41］陈霞. 当代中国风格服饰探究［D］. 西安美术学院，2015.

［42］萧颖娴. 趋势和机遇——"可持续"理念对时装产业发展之影响及设计人才培养之应对［D］. 中国美术学院，2013.

［43］姜图图. 时尚设计场域研究——1990—2010年中国时尚场域理论实践与修正［D］. 中国美术学院，2012.

［44］寇鹏程. 作为审美范式的古典、浪漫与现代的概念［D］. 复旦大学，2004.

［45］孙瑞祥. 当代中国流行文化生成机制与传播动力阐释——以流行文学、媒体文化为研究框架［D］. 天津师范大学，2009.

［46］毕亦痴. 中英现当代时装设计思维比较研究——着眼于文化传统的探讨［D］. 苏州大学，2013.

［47］袁晓莉. 生存与创物——黎族造物研究［D］. 南京艺术学院，2013.

［48］马浩崴. 黎族哈方言传统服饰研究及创新应用——以民服饰博物馆馆藏为例［D］. 北京服装学院，2019.

［49］杨锴. 黎族杞方言服饰图案的艺术审美特征及文化价值的研究［D］. 海南师范大学，2018.

［50］司亚慧. 海南黎族服饰方言间异同性比较研究［D］. 青岛大学，2017.

［51］黄可佳. 中国传统文身图案及其在服装中的应用研究［D］. 北京服装学院，2017.

［52］金蕾. 黎族非物质文化遗产黎锦传统文化研究［D］. 青岛大学，2015.

［53］何佳玲. 时尚藏装产业化的价值及路径探析［D］. 四川省社会科学院，2014.

［54］韩馨娴. 黎锦的保护与传承现状研究［D］. 北京：服装学院，2013.

［55］高颖. 海南润方言黎族服饰"龙"纹解析及创新设计应用研究［D］. 北

京服装学院，2012.

［56］刘晓青. 海南润方言黎族服饰文化研究［D］. 北京服装学院，2012.

［57］邬思敏. 黎族传统织锦纹样的现代运用［D］. 东华大学，2012.

［58］鞠斐. 机杼精工大美无言——黎族传统织绣图案的文化形态及其审美取
向研究［D］. 南京艺术学院，2011.

［59］何沙. 黎族妇女服饰图案与现代平面设计的应用研究［D］. 海南大学.
2012.

［60］王伟. 黎锦——绣面龙被研究初探［D］. 中央民族大学，2012.

［61］区锦联. 黎锦的艺术人类学研究——以重合盆地美孚方言黎族的黎锦为
例［D］. 中南民族大学，2012.

［62］惠亚利. 日常生活审美化中的民族时尚［D］. 广西民族大学，2011.

［63］潘姝雯. 海南黎族服装研究及设计实践——以美孚黎服饰为例的服装研
究及设计［D］. 北京服装学院，2010.

［64］王洪波. 造型·生态·符号——海南黎族妇女服饰文化蕴涵透视［D］.
中央民族大学，2009.

［65］蔡磊. 服饰与文化变迁——以20世纪以来中国服饰为例［D］. 武汉大
学，2005.

后记
Postscript

　　我2004年到海南三亚从事服装设计、教学与研究工作，黎族传统服饰就成为我接触最多的少数民族服饰，黎族传统服饰文化活化保护问题也就很快进入我的研究视野。

　　在研究的过程中，"民族时尚"的概念是慢慢逐渐形成的。一开始也是对"时尚"与"国际时尚"不加区分的，这样会掩盖"时尚"的本质，也使得民族文化自卑心理被意识错觉加固了。读研时从吉登斯"地方性知识"概念的启发，想到大概可以提"民族性时尚"。但"地方性知识"走向的是文明的相对主义观念，所以经过一段时间研究之后，还是放弃了"民族性时尚"的提法。直到"民族时尚"概念大体确立，"传统新命"问题才开始逐渐得到澄清。

　　研究过程是磨人的。感谢在这个过程中我先生丁云高一直的支持鼓励与较真的探讨，以及在哲学反思层面上给予的帮助，比如理解既有人文概念的释义法。感谢三亚学院给了我一个静心于教学与研究工作的平台，以及对黎族服饰文化研究方向的支持与帮助！感谢广州美术学院任夷导师在研究方向上给予的指导与启发！感谢三亚民间收藏家张树臣先生！感谢东方民族博物馆王秀蓉女士！感谢百玲等黎家织娘！感谢模特楚艺凡、令狐玉珠！感谢广州工作室期间的设计助理罗澜！参考了很多人的学术成果，在此一并表示衷心的感谢！

　　论述难免有不妥之处，一些看法甚至有些大胆，只是因为不想四平八稳无突破。若能起到抛砖引玉的作用，我就感到满足了。

杨洋

2019年3月26日

于三亚学院高知园